山鳥の魔力

伝説の美しき獲物を追って

Imai Yuichiro 今井雄一郎

共栄書房

山鳥の魔力——伝説の美しき獲物を追って◆目次

はじめに　5

第1章　伝説の鳥　11

1　山鳥との出会い　12／2　小癪な奴ら　14／3　雪の中の足跡　22
／4　山鳥だ！　25／5　キジは美味い、山鳥も……　37

第2章　山鳥の魔力　39

1　錯視　40／2　弾はどこへ？　44／3　消えた山鳥　48／4　鹿2
頭いただき……!?　55／5　熊や猪を差し向けられたら　60

第3章　後ろめたさと、獲りたさと　65

1 雪のあとの寒波のときには 66／2 山際の農地へ 70／3 自分にとっての狩猟 73／4 山鳥猟をどうするか 83／5 トロフィーハンターの記事 86／6 雪の中での事件 89／7 猟欲と食欲 91

第4章 「半矢」の後味 95

1 半矢の確率 96／2 銃とのめぐり逢い 105／3 生きている山鳥は写真に撮れない 108／4 運の悪い最初の鳥 112／5 鳥の半矢 114／6 鳥の半矢、再び 116

第5章 届きそうで、届かない 125

1 チャンスを逃す 126／2 トラブル 130／3 森田さんの大手柄 133／4 残りのスラッグ弾 134／5 山鳥近し 144／6 あと一歩 150

第6章　決着　155

1　土砂崩れ　156／2　久しぶりの山で　162／3　謎が似合う美しい鳥　168／4　キジバトがサザエに　178

あとがき　185

狩猟に関する用語　187

銃と弾に関する用語　188

はじめに

狩猟免許を取って8シーズン目の12月に、私はようやく山鳥を仕留めることができた。尾の節は11あった。山鳥の尾（尾羽）は、この節が増えながら伸びていく※。33節ある尾羽で作った矢によって、手強い鬼を退治できたという伝説もあるくらいで、山鳥は尾が長いほど神秘的だ。

私が初めて山鳥と出会ったのは、1シーズン目の2013年12月である。それも狩猟の許されるオスの群れで、そのわずか4日後にも。合計5羽に、散り散りに逃げられてしまい、それをきっかけに山鳥を追いかけるようになった。決着まで丸7年かかったわけだが、この間には「追うべきか、諦めるべきか」という思いに揺れた時期もあった。

実は山鳥の捕獲には、「後ろめたさ」があった。山に入れば、山鳥にはまれに出会うこともあろう。山歩きを趣味にしている年配の知人が、私の趣味を知ってこう言った。

「へぇ、山鳥を撃っちゃうんだ」

狩猟と関係なく生活している人は、あの大柄で美しい珍鳥を撃ってもいい鳥とはおそらく思うまい。山鳥は現在、猟期中1日にキジと合わせてオスのみ2羽までという、狩猟鳥獣としては最も保護されている鳥である。50年くらい前まではたくさんいて、山鳥猟に魅せられたハンターは多かった。それで、猟犬の力を借りることで年間80万羽も捕獲され、激減してしまったのだ。

私は、クレー射撃の経験を買われて増えすぎた有害鳥獣の駆除に誘われ、狩猟を始めた。言ってみれば環境問題をきっかけに狩猟を始めたわけだが、いつの間にか希少な山鳥を獲ろうと夢中になってしまったのである。

なぜか。私はこんなふうに自問した。

「駆除する必要のない野生鳥獣まで獲ることはないのではないか？」↓YES
「そんなに山鳥を食べたいか？」↓YES（キジの仲間だから美味しいに違いない）
「食べるならニワトリでもよいのでは？」↓YES（鍋も焼き鳥もニワトリで可）
「山鳥は珍しいから獲りたいのか？」↓NO（珍しいのは他にもいるし、たくさんいても獲りたい）
「山鳥は捕獲が難しいから獲りたいのか？」↓YES（難しいことには挑戦したくなる）

初めて仕留めた山鳥と

「美味しくなくても捕獲が難しければ挑戦したくなるか?」↓NO
「捕獲制限を守ればいくら獲ってもよいか?」↓NO（その地域の生息状況にもよるのでは?）

どうやら、食べたいことと捕獲が難しいことがセットになって、私にとって山鳥猟の魅力となっているようだった。

だが、これだけで、心の中で響いている

「たくさんいる鳥獣を獲りなよ、食べるのは山鳥の代わりにニワトリでもいいじゃない?」

という自分の中の山鳥保護派の声を、振り払えたわけではなかった。

とにかく、山鳥猟は、駆除の対象動物のように居たら獲ればいいというのとは違って、その地域の生息状況に気を配る必要があるのだ。

私が山鳥を追い求めていることは、地元の猟友会では有名になっている。だから初めて仕留めた後も、ＪＨＧ（Japan Hunter Girls）の恵理子さんが、「今井さん、あそこの水飲み場に山鳥がいるよ」と、わざわざ電話で連絡してくれた。せっかくの連絡に、私は一瞬戸惑った。私を狩猟の世界に引き込んだ歯医者の瀬戸先生がこう言っていたことがある。

脇島さんが獲った山鳥

「狩猟っていうのは末長くやるもんだよ」
私の中の山鳥保護派の心もそれには共感するから、有難いが
それは温存するつもりで獲るのは遠慮した。地元の山で山鳥を
獲っているのは私だけではないかもしれない。
その2日後の早朝、また恵理子さんからメッセージが届いた。
「すみません、脇島さんにも山鳥教えたら次の日に捕られて
しまいました」
例の山鳥は、翌日の9時半ごろには捕獲されてしまったのだ
という。写真を送ってくれたが、尾は14節くらいありそうで見
事だ。写真を見ながらこんなことも考えた。
(わかっている範囲で2羽減ったということか。来シーズン
までにその分増えてくれるだろうか?)
脇島さんもJHGのメンバーで、2016年から空気銃の
シャープエースハンターで鳥を撃ち始め、2019年からは散
弾銃のレミントンM870も使っているそうで、写真には山鳥
を仕留めるのに使った、覆いの被さったレミントンが写ってい

る。別にこれはこれで仕方のないことと割り切ってはいるが、これまでの苦労もあるのでいくつか質問をした。山鳥を仕留めたのはこれが初めてだそうだ。そして、山鳥を獲ろうとガンロッカーから銃を取り出したのも、このときが初めてだったそうである。

こんなにもあっさり獲れてしまう人もいるというのに、私の方は、弄ばれているかのように、あと少しというところで逃げられ続けた。「間抜け」と言われればそうかもしれない。だが、それを繰り返すうちに「獲りたい」という思いは膨らみ、ついにあの山鳥保護派の声を振り払うほどになった。

その結果、私は、有害鳥獣駆除では考える必要のなかった「なぜ獲るのか」という問いに、正面から向き合わざるを得なくなっていった。

それによって、どうやら狩猟の世界の少し深いところに踏み込むことになったようだ。

※ 尾羽は毎年生えかわるため、多くは9節~13節で、年輪のように増え続けるわけではないらしい。高橋松人『山階鳥類学雑誌』「ヤマドリの繁殖スケジュールと配偶システム」によれば、オスの成鳥の尾羽について、6月に抜けて11月まで節を増やしながら伸びて生えかわることが観察されている。また、同論文では、尾羽に関して、孵化してからすべて抜け落ちるまでをヒナ、筆毛状態で不鮮明な淡黄色の横帯が4本ほどある個体をオスの若鳥としている。抜ける前の季節に、メスと区別できないほど短い尾羽を持つオスがいるが、それが若鳥なのかもしれない。

第1章　伝説の鳥

1 山鳥との出会い

2013年12月30日朝9時ごろ、瀬戸先生の誘いで林道を軽トラで流していた。横巻きの道の切通しのところを南から北に向かっていて、切通しに差し掛かったところの左手東向きの斜面。そこを、ずんぐりした赤茶色の胴に小さい頭と長い尾を備えた、1mもあろうかという大きい生き物が2匹這っているのに気づいた。足は2本。オスの山鳥だ。その上はすぐ尾根で杉林の広場になっており、下は道を挟んで急な斜面の谷になっている。

私たちは15mくらい通り過ぎてから、軽トラのエンジンは切らず、ドアは開けっぱなしで、銃を手にそこへ駆けつけた。私たちの動きに気づいた1羽はそこから谷の方へ飛び立ち、もう1羽は斜面を駆け上がり、その勢いで尾根の方へ飛び立った。

後から考えると、慌てずに作戦を練ってからそこへ向かえばよかった。閉鎖されていない公道だから、どうせ路上で発砲するわけにはいかない。私たちのうちのどちらかが谷へ下り、もう一人は奴らの上に回って谷側へ追い出す。そうやって、道を挟んで持ち場を分担すればよかったのだ。

瀬戸先生は谷の方へ、私は尾根の方へ、逃げ去った山鳥を追った。羽のある奴らである。撃つ準備もしていないうちに飛び立たれてしまったのだから、後から足で追っても追いつかない。２羽とも見失った。

この時私は、初めて本物の山鳥を見た。

山鳥はキジの仲間で、メスの全長は約55㎝だが、オスはその長い尾のために約１２５㎝と、鳥とは思えないような大きさに見える。体形はキジと似ているが、羽の色や尾の長さなど違いは多い。本州、四国、九州に生息する日本固有種で、生息域はキジが山裾や麓の原野で見られるのに対し、山鳥はより山深いところにいる。

この鳥は百人一首にも登場する。

あしびきの山鳥の尾のしだり尾のながながし夜をひとりかも寝む

柿本人麻呂がこう詠んでいるのは知っていたから、単なる「山にいる鳥の総称」だとは思っていなかったが、なんとなく実在の鳥としては認識していなかったような気がする。狩猟免許を取るための勉強をするまでは、「山奥にいるとされる、尾の長い伝説の鳥」、そんな感じだった。なぜだろう？

私は、高校生のときに使った『評解　小倉百人一首』（京都書房）を引っ張り出した。（どうせ写真なんて載っていないんだろう）、そう思いながら先の歌のページを開いてみた。するとそこには、実線で描かれたオスの山鳥の挿絵があった。

なるほど、わかった。なぜ私が山鳥を伝説上の生き物のように思っていたのか。写真ではなくこんな挿絵だったからだ。これでは河童とか人魚とかツチノコとかの未確認生物と変わらない。山鳥は写真にして下さい！

2　小癪な奴ら

２０１４年の年が明けてすぐ、瀬戸先生と山へ出かけた。瀬戸先生はライフルのM１カービン、昔の戦争ドラマ『コンバット』のなかでヘンリー少尉が使っていた銃だ。私は鳥撃ち用の散弾を入れたウィンチェスター４１０番。つまり、もし大物を発見したら瀬戸先生が、山鳥が出たら私が撃つという筋書きだった。しかし、瀬戸先生が「鹿の鳴き声がした」と言うものだから、私は散弾からスラッグ（一粒弾。鹿やイノシシ撃ちに使う）へ弾を入れ替えてしまった。

その矢先、ほんの数メートルの距離の葉の落ちた灌木の向こう側で、ガサ、ガサ、ガサ……と、尾が長くて頭の小さい、全体として赤茶色の生き物が走りだした。二本足で目の周りが赤い……山鳥だ、それも一度に3羽！　しかし私の銃の中に入っている弾はスラッグ！

慌てて弾を入れ替えている間に、3羽の山鳥は散り散りに飛び立った。そのうちの、斜面を駆け上がり灌木の隙間を潜り抜けようとする1羽に、「ズドン！」。

しかし、茂った灌木の向こう側の薄暗い杉林に抜けられてしまった。斜面は続いていて、まだその辺りにはいるのだろうが、撃ったところは勾配がきつくてその先が見えない。そこで、時計回りに大回りしながら、逃げたところの上の杉林へ向かう。

ところが、林の中で「どの辺りから撃ったんだっけ？」ということになる。杉林の中を横巻きに歩きながら瀬戸先生の姿を右下に視認し、そこから斜面に沿って視線を上げていくと、進行方向のやや左15mほど先に、山鳥がのそのそと、どちらへということもなく歩いている。

もっと慎重に進んでいたら、その必殺の距離で狙撃することができたはずなのだが、追う気持ちが勝っていた私は、山鳥の警戒範囲に不用意に踏み込んでしまった。山鳥はたちまち瀬戸先生の頭上の空へ飛び立った。それに向け1発発射するも狙い越しが大き過ぎた印象で、2発目を装填して狙う間もなく、山鳥はそのまま滑空して行ってしまった。結局のところ今日も空手で帰ってきた。

実は昨年暮れにも三男を連れて2時間ほど山へでかけていた。銃はやはりウィンチェスター410番。車を降りて林に入る。弾は薬室の1発目を鳥撃ち用の散弾、弾倉の2発目・3発目をスラッグにしておいた。急に飛び立った山鳥にも対処するためだ。鹿が出てきた場合には、レバー操作により薬室の散弾を排出し、弾倉内のスラッグを送り込むという作戦だった。

11時ころ、杉林の中を上りはじめて間もなく、背後に気配を感じた。振り返ると、私たちが通った15mほど後ろを、3頭の雌鹿が杉の木の間を縫って左から右へ、尾根を切るように小走りに進んで行くではないか！

銃を構えたものの、その近さだと鹿の周りの木々がすごく邪魔に感じる上、3頭並んでいるから目移りする。

(どこでどの鹿を撃ったらいい？)

あとから考えると、どれでも1頭決めて追いながら狙って撃てば、木より鹿に当たる確率の方が高かったのではないかと思うのだが、その場では無心になれないもので、「高い弾だし、このチャンスに木に当たったら悔しい」と思ってしまう。

ここで気がついた。薬室の弾は散弾だ。慌ててそれを抜き出し、弾倉の次弾＝スラッグを送り込もうとレバー操作をした。しかし、なかなか散弾が抜けない。3頭の鹿は、レバー操作をガチャガチャやっている私たちを尻目に、あれよあれよという間に沢のある谷間へ駆け下りて行ってしまったのだった。

抜き出した薬莢をあらためて見てみると、詰め込まれた散弾のためにプラスチックの表面に小さな凸部がたくさんあるのがわかった。これが抵抗になって抜けなくなるのかもしれない。使い慣れない銃と弾だから、こんな想定外のことも起こるわけだ。

……その時と同じ銃で、今回はスラッグを入れていて3羽の山鳥である。面白すぎる。撃った2発、距離が近過ぎということもあったが、こういう瞬間の狙いにはウィンチェスターに備え付けられた照門・照星はかえって邪魔だと思った。持っていたのが使い慣れたスキート銃「ペラッツィ」だったなら……悔しい。

年末に見た2羽といい、今日の3羽といい、山鳥は人目につかないところでコッソリ暮らしている、というのとはどうも違う気がしてきた。ときどきやって来る人間の隙をついてプラプラと現れては姿をチラつかせ、こっちが気づいて動き始めると、「おっ、気づいたみたいだぞ。撃てるものなら撃ってみろ」、そんな感じで逃げて行ったように思えてくるのだ。

（小癪な奴らめ……）

当時、私の狙いは鹿だったが、思えばすでにこの時、山鳥に心を奪われてしまっていたようだ。

五目猟について

前著『狩猟日誌』でも述べたことだが、出て来るものは何でも獲ろうとする「五目猟」は危険だと言われている。鹿と山鳥の話の顛末を、私の所属する地元猟友会の桐生支部長に話したところ、

「鳥と獣の両方を狙って、始めっから2種類の弾を入れておくなんて、お前のは五目猟どころか十目猟だ！」

と言われたことがある。

「誤射」を回避するには、どうしたらよいのだろう。獲りたくて猟をするのだから、チャンスとみれば心ははやる。獲り損ねれば悔しい。

山に分け入って猟を始めてみると、猟場にはいろいろな気配があることを知る。武器になるものを何も持っていなかったなら、むしろ怖いくらいだ。ところが、今の私には鉄砲

がある。

「お前は何者だ、出てこい！」

そんなふうに強気になって好奇心を後押しする。そうしてその空間に似つかわしい狩猟鳥獣を想定するわけだ。スズタケのボサの中でガサガサ音がしていたら、「猪か？　山鳥か？　小さくてもコジュケイくらいだろう」と思ってしまう。ボサの中で大きな音を立てて歩いているから、さぞ大きな奴だろうと思って暗いその中を覗き込むと、実際にそこにいるのはヒヨドリくらいの大きさのツグミだったりシロハラだったりする。これらは狩猟鳥ではない。

ボサの中を「ガサッ、ガサッ」と姿を見せずに動きながら、「ピャッ、ピャッ、ピャッ」と鳴いているのはツグミ、「チチッチッチ、ピョピョッピョッピョッ、ピヨロ、ポコポッ」といろいろな音色でけたたましく鳴いているのはシロハラだ。鉄砲を手に山に行くようになった頃には、ずいぶんこいつらの気配と鳴き声に翻弄された。

たとえば、「鹿以外は撃たない！」と決めて鹿かどうかを判断するのと、白紙の状態で出てきたものが何なのかを特定するのとでは、かかる時間が違う。限られた時間のなかで「鹿か猪」と思っていると、その瞬間、「鹿ではないから猪」になってしまったりもするだろう。それが実は「犬」だったり、「人」だったりする。狙う獲物を限定して猟に臨む方が、リスクが低いのは明らかだと思う。

だが実際には、鹿の駆除の最中に人を鹿だと思って撃つ事例すらあるのだから、狙いを絞って猟に臨んでも見誤るリスクはあるのである。

桐生支部長から「十目猟」と言われて以後、何を獲りに行くのか、一応は決めて出かけるようにしているが、それだけではまったく不十分だった経験もした。

山鳥を狙っていたある時、ボサの中を走り、その上の木の枝に飛び乗って、さらに向こうの枝に飛び移る、ずんぐりした胴に長い尾を視界に認めた。「山鳥だ！」と思ったが、それよりだいぶ小さいニホンリスだった。

あれが本当に鳥だったら山鳥だろう。山鳥も地を走り、木の枝を飛び移る。しかし、そこにいるのは鳥だけではない。山鳥のシルエットだけを追いかけているのも危ない。

それを考えると、狩猟鳥獣のみならず、そこにどんな生き物が棲んでいるのか、どんな生活をしているのかということにも関心を持つことは意義深いと思う。猟をしようとする場所には、猟期に限らず足を運び、下見をしながら鳥獣を観察しておくといいと思う。それによって心にゆとりが生まれ、ひいては「誤射」の回避につながるのではあるまいか。

<table>
<tr><td colspan="2">狩猟鳥獣

日本に生息する野生鳥獣約 700 種のうちから、狩猟対象としての価値、農林水産業等に対する害性及び狩猟の対象とすることによる鳥獣の生息状況への影響を考慮し、鳥獣保護管理法施行規則第 3 条により次の 48 種類を選定しています。</td></tr>
<tr><td>鳥類（28 種類）

カワウ、ゴイサギ、マガモ、カルガモ、コガモ、ヨシガモ、ヒドリガモ、オナガガモ、ハシビロガモ、ホシハジロ、キンクロハジロ、スズガモ、クロガモ、エゾライチョウ、ヤマドリ（コシジロヤマドリを除く）、キジ、コジュケイ、バン、ヤマシギ、タシギ、キジバト、ヒヨドリ、ニュウナイスズメ、スズメ、ムクドリ、ミヤマガラス、ハシボソガラス、ハシブトガラス</td><td>獣類（20 種類）

タヌキ、キツネ、ノイヌ、ノネコ、テン（ツシマテンを除く）、イタチ（雄）、チョウセンイタチ、ミンク、アナグマ、アライグマ、ヒグマ、ツキノワグマ、ハクビシン、イノシシ、ニホンジカ、タイワンリス、シマリス、ヌートリア、ユキウサギ、ノウサギ</td></tr>
<tr><td colspan="2">キジ及びヤマドリのメスは令和 4 年 9 月 14 日までは捕獲が禁止されています。狩猟鳥獣については、都道府県によっては捕獲が禁止されている他、捕獲数が制限されている場合があります。狩猟をする際には登録都道府県にご確認下さい。（令和 3 年 1 月）</td></tr>
</table>

環境省ホームページ、「狩猟制度の概要」より（平成 29 年 4 月）

※狩猟鳥獣：鳥獣保護管理法第 2 条第 7 項により、資源性、生活環境、農林水産業及び生態系に対する害性の程度、個体数などを踏まえて、環境大臣が指定する狩猟の許された鳥獣。

3　雪の中の足跡

猟期はおよそ1週間後の2月15日に終わってしまう。目星を付けている山鳥と、なんとか決着をつけたいと思っていたのだが、今期は雪がよく降る。雪が降ったから猟ができないわけではないが、それ以前に道が閉ざされて山に入れなくなってしまうのだ。

4日から5日にかけて降った雪は、少しまとまっていた。除雪がどこまで進んでいるかわからなかったが、今朝は瀬戸先生の息子さんと、除雪が進んでいることを祈りながら山へ行ってきた。目的の場所まで車で入ることはできなかったが、幸運なことに近くまでは除雪が済んでおり、そこから歩いて行く

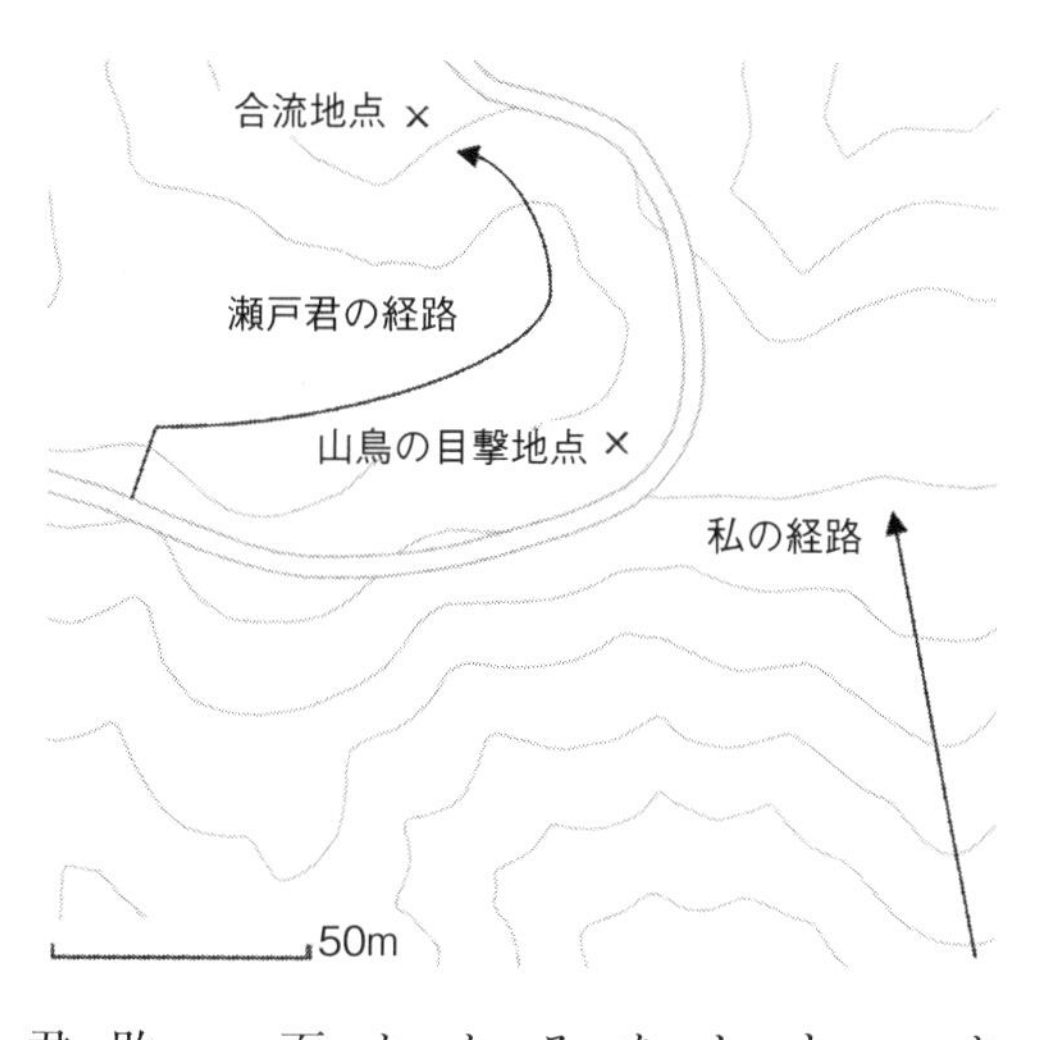

ことができた。むしろ静かだし、出会うことができれば安全に勝負できるのではないかと思われた。

その場所は、12月30日の9時ごろに瀬戸先生と2羽の山鳥を目撃した例の横巻きの道の切通しのところ。その上はすぐ尾根で杉林の広場になっており、その下は道を挟んで谷になっている。山鳥がその周辺でどんな生活をしているのか、生活史のよくわかっている生き物ではないから、この雪の中で足跡だけでも発見できたら面白いと思い、二人で出かけることにした。

もちろん出会えば仕留めたいから、年末の失敗を踏まえ、地図を用意して作戦を練る。瀬戸君には大回りにはなるが、時計回りの道づたいに行ってもらい、目撃地点手前から左手の尾根へ上がり、杉林の中で山鳥を遠目に発見できたらスコープ付きの空気銃で狙ってもらう。

　私は道からそれて目撃地点の下の、2羽のうちの1羽が逃げた谷の下の方を横巻きに移動し、例の切通しへとつながる尾根道を上がって行くことにした。トラップ射撃用の散弾銃を持ってきたので、山鳥が飛来したら散弾銃で狙う。お互いに無線で連絡を取り合い、相手のいる場所を把握する。合流地点は尾根の杉林の北側、道

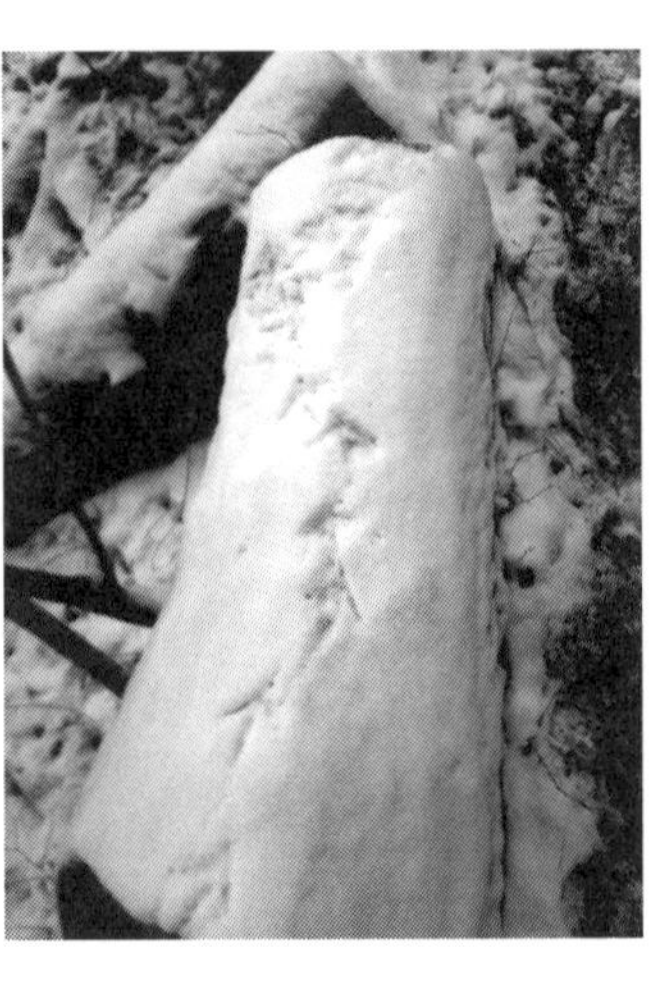

沿いのボサとした。
　だが結局、瀬戸君も私も合流地点まで銃を使う機会はなかった。瀬戸君が通ってきた杉林一帯を見て回ろうと、二人で尾根へ上がる。すると、上がったところに丸太が転がっていて、私はその丸太の上の積もった雪に山鳥の足跡を発見した。というか、そこを通ればだれでも発見できそうではあるが……。
　瀬戸君は、
「あれ？　ここ、さっき通ったところのはずなんだけど、こんな足跡あったかなあ。うーん、やっぱりなかったと思うんだけど……」

と、つぶやいている。確かに雪の上に残った瀬戸君の足跡が、彼がそこを通ってきたことを示しているのだが、もしそれが本当なら、我々は山鳥に見られていたということか。そこに積もっている雪は意外と柔らかく、昨日の足跡だとは私にはちょっと言いきれない。まあ、そういうことにしておきましょう。

足跡はこの他に鹿とおぼしきものもあったが、山鳥のものと特定できるのは、この丸太の周りだけだった。しかし、ここには居つきの山鳥がいる。それは間違いない。

4　山鳥だ！

2シーズン目に入り、一人で山に出かける時に手にするのは、射撃で国体に出場した際使ったペラッツィのスキート射撃銃になった。間近の山鳥を狙うつもりだからである。2014年12月21日、負い革のないその銃をソフトカバーに入れ、バイクで8時過ぎに沢に沿った林道を上っていた。

ちょうど銃猟禁止区域と可猟区域を分ける林道との交差点を過ぎてすぐのところで、バイクのエンジン音に驚いたのか、左手の沢から尾の長い（長く感じた）大きな鳥が飛び立ち、目の前を横切った。ブレーキをかけながら目で鳥を追うと、鳥は右に回り込んで山裾の緩い斜面へ降りて行った。向かっていた先の道は開けていたし、雨が上がった後のよく晴れた朝だったので、私は明るい背景にシルエットとしてその鳥の姿をとらえていた。道は右手を切り崩してつけられていて、人の背丈ほどの段差を上がると25ｍくらい向こうまでなだらかな斜面が続き、そこから尾根に向かってせり上がっている。

私はバイクのエンジンを切り、鳥が降り立った辺りに近いところまでバイクに乗ったまま下って行き、沢への下り口にある杉の木のたもとに停めた。

（あれは山鳥だと思う。私の前に姿を見せてくれるだろうか？）

胸が高鳴る。ヘルメットを脱いでバイクのミラーに引っ掛け、カバーに入ったままの銃を手にした。背丈ほどの段差をよじ登り、背をかがめてそこでカバーから銃を出して弾を込めた。左手から正面の奥にかけてはスズタケが茂っていて、その中に鳥が潜んでしまったらどうにもならない。

ところが、正面の奥のスズタケの葉がガサガサと揺れて、何かが遠退いていく。それと同時に、そこから10ｍほど手前にある岩陰から茶色い大きな鳥がヒョコヒョコ姿を現した。これも自分から遠ざかる方向を向いて歩いていく。そこから飛び立てば林道を跨いですぐ銃猟禁止区域である。尾は長い……かな？

山鳥は現在、メスを獲ってはいけないことになっている。並べてみればメスはオスより焦げ茶っぽく、尾が短い。オスは赤茶っぽくて尾が長い。そしてオスは目の周りが赤い。だが、尾の長さも目の周りの赤い範囲の広さも個体差があり、目の周りの赤が目立たないのに尾は明らかに長いオスもいれば、尾は短いのに目の周りが真っ赤というオスもいるようだ。全体が赤っぽいこと、尾が長いこと、目の周りが赤いこと、いずれも一つひとつは相対的で個体差が大きい。見る角度や光の加減によっては判断の難しい個体もある。

私は、目の前を飛んで行った鳥をオスの山鳥だと判断していた。そして、スズタケの中を遠退いていた生き物は別の生き物で、飛び去った山鳥が岩陰から出てきたと思いたかった。それですぐに銃を構えた。20m足らずの距離である。外すわけがない。だが、銃のリブ越しに改めてその山鳥を見ると、

（これはメスだ……）

そう思った瞬間、その山鳥は飛び立った。斜面に沿って滑空し、すぐ下の銃猟禁止の林の中へ姿を消した。

もしかしたら、スズタケの中を遠ざかっていった奴がオスで、今のはもともとここにいたメスではないか？　それとも、沢から飛び立った奴も、はじめからメスだったのだろうか？

真ん中あたり、石のように動かないメスのキジがいる。左下に見えるのは筆者の左足

昨猟期に目撃したのは、オス2羽の集団とオス3羽の集団で、つがいではなかったと記憶している。この時期の山鳥が、実際のところつがいでいるのかどうか、それ以前に山鳥が山の中でどんな生活をしているのかも、わかっていないことが多いのだ。

私は先ほどスズタケの中を逃げ去った奴を探しに、すぐに奥に向かった。しかし、もう動くものは何もなかった。

キジも、その仲間である山鳥も、動かないと決めたら動かないらしい。私も猟期外に銃猟のできない場所で、オスのキジをからかって追いかけて行ったら、石のように動かないメスが足もとにいてびっくりしたことがある。だから気取られて身を潜められたら、嗅覚と聴覚の鋭い犬を伴っていなければ発見は難しくなる。それに鳥撃ち名人の渡邉さんの話だと、犬を連れていても犬がその場で睨み合いをしてしまって、犬もろともどこにいるかわからなくなってしまうことすらあるというのだ。

さて今回の経験で、オスの山鳥と見誤ってメスを撃たないようにするにはどうしたらよいか、よく練っておく必要を感じた。撃てる時間はほんのわずかだ。チラッと姿を見せて「バイバーイ」と、こちらの迷う心を翻弄して姿をくらます。まったく憎い奴らである。

では、今後はどうするか？

まず、「尾が胴より長い」または「目の周りが赤い」ならば撃つ。このいずれかを確認するまでは撃たない。これでいこう。

同じことでも、撃ってはいけない場合を決めると判断しにくくなるので、それはやめた方がいいと思う。「尾が胴より長くない」かつ「目の周りが赤くない」ならば撃たない。これでは考えている間に逃げられてしまう。

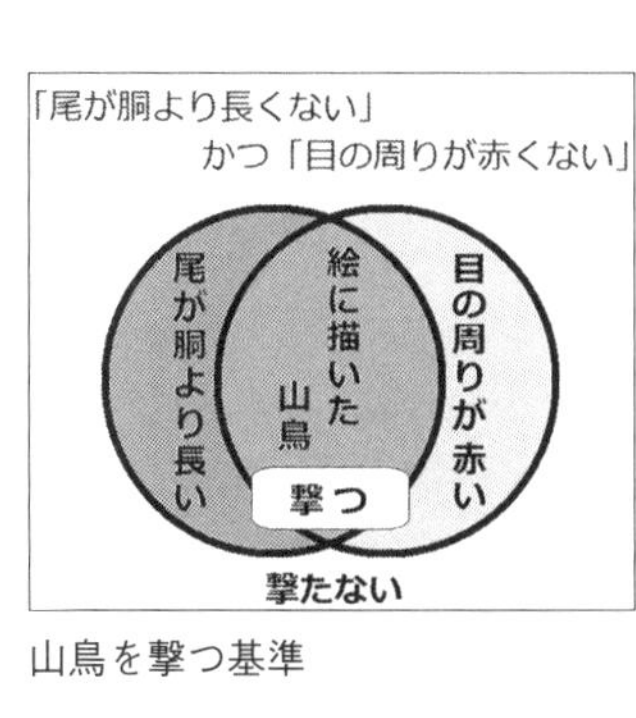

山鳥を撃つ基準

山鳥の生活と食べ物

獲りたい動物がどんな生活をし、どんなものを食べているのか、これを調べずに猟に出かけても、なかなか結果には結びつかないと思う。もちろん、スズメとかヒヨドリとかキジバトとか、我々の生活環境と同じ場所にいる鳥たちを見るだけなら苦労はしないが、これらとて実際に鉄砲で獲ろうと思ったら、銃猟が禁止されていない場所でやらなければいけないのだから、彼らの食べ物があるところに出向かなければならない。

それが山鳥ともなると、そもそも民家に近いところにはいないし、捕獲数も1970年ごろから急激に減ってきた。そのころ全国の捕獲数は80万羽にもなったらしいのだが、その後の年ごとの捕獲数をグラフにすると、反比例を思わせるようなかたちをしている。ハンターも減ってはいるのだが、どっちが先かといえば、先輩方の話を聞くと、山鳥が減って山鳥を獲ろうとするハンターが減った……こういうことらしい。

狩猟による山鳥の捕獲数

年度	全国	神奈川県
2012	17,399	50
2013	10,062	16
2014	18,032	44
2015	12,312	22
2016	14,396	22
2017	未公表	12
2018	未公表	10
2019	未公表	33

2021年1月時点で環境省のホームページに公開されている鳥獣関係統計の最新情報によると、狩猟者登録を受けた者による山鳥の捕獲数は、2015年度が1万2312羽、16年度が1万4396羽で、そのときの神奈川県下の捕獲数はいずれも22羽。それ以後の神奈川県猟友会公表の捕獲数は、17年度が12羽、18年度が10羽、19年度が33羽と少ない。

こんな具合だから、濃い居場所の目星をつけて探さないと、出会う確率は上がらないわけである。

さて、山鳥は鴨のように長距離を飛んで移動する鳥と違い、歩きながら食べ物をついばみ、1年を通じて10ヘクタール（円で言えば直径350mほど）内で生活しているらしい。非常時に素早く走ったり飛んだりすることに長けている。

「飛ぶ」にもいろいろある。トビウオは、鳥のように空中で自在に方向を変えて移動することはできないが、確かに海面近くを飛ぶ。山鳥もキジも鳥には違いないのだが、過去に目撃した限り、飛ぶことに関してはトビウオに近い気がする。どちらかというと2本足で走る姿の方が板についていて、小型肉食恐竜の親戚だと言われれば確かにうなずける。

山鳥は、沢を下流に向かって滑空する「沢下り」が有名だ。沢には木がないから飛びやすい。羽ばたくことは最小限にして素早く逃げるための方法がそれなのだろう。

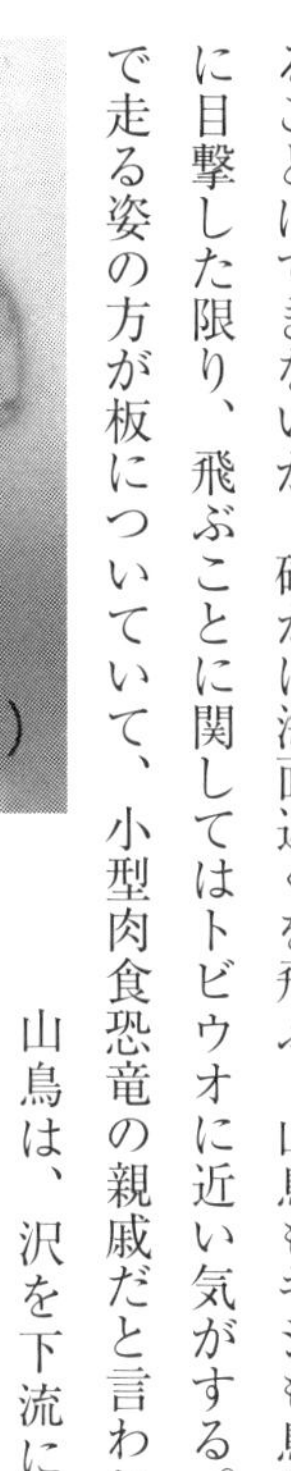

鳥類の消化管

鳥類の消化管には、食べた物を一時的に蓄える「素嚢（そのう）」という器官があり、その先に消化液を出す「前胃（または腺胃）」と、消化液の混ざった食物を機械的に磨り潰す「砂嚢（または筋胃）」が続く。砂嚢は、食物としては「砂肝」とか「砂ずり」と呼ばれるのだが、切り開いて中をみると、食物は粘土のような状態になってしまっていて、何が何だかわからない。しかし素嚢には、食べた物が食べたときのままの状態で残っている。素嚢を開いて中身を調べることは、山鳥の生態を知るのに役立つ。

川路則友・横山潤両氏が、1999〜2002年の猟期中（11月中旬〜2月中旬）に13都府県から収集した56個の山鳥の素嚢を調べた結果でも、シダ類は多くみられた。葉部が最も多く見つかり、52種および種（しゅ）の特定できない7属が同定され、そのうちシダ類はジュウモンジシダやヤブソテツなどの15種だった。果実・種子部も多く、なかでもハエドクソウ、カラスザンショウが多かったそうである（川路則友『Bird Research News Vol.3 No.11』「生態図鑑　ヤマドリ」NPO法人バードリサーチ、川路則友・横山潤『森林総合研究所研究報告』8巻2号「冬期におけるヤマドリの食性」）。

今さら、弾と絞りの話

猟を始めるずいぶん前、私はクレー射撃競技スキート種目の選手だった。散弾銃は2丁持っており、美しい彫刻と銃床の高級イタリア製スキート銃「ペラッツィ」と、安い

比較写真	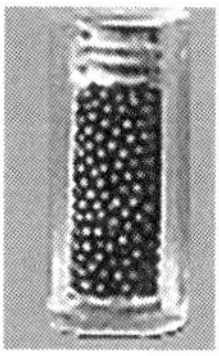	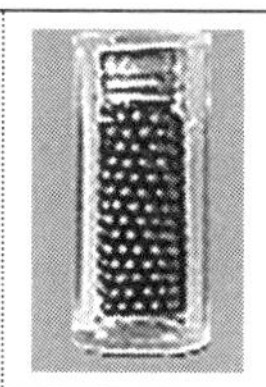	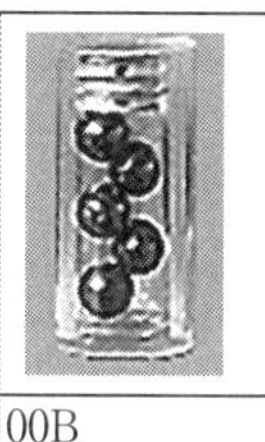	
名称	9号	7.5号	00B	スラッグ
直径	2.0mm	2.4mm	8.4mm	17.6mm
粒数	500粒	300粒	9粒	1粒
総量	24g	24g	32g	28g
用途	スキート射撃	トラップ射撃	鹿・猪猟	鹿・猪猟

12番口径の散弾銃で使われる弾の例

がこれもイタリア製のトラップ銃「マロッキー」である。私のトラップ銃はマロッキー社とウィンチェスター社という会社が販売していたようで、よく見ると「Marocchi」の刻印の下に、なんと削られた「Winchester」の文字を読むことができるという。

もともとは私の射撃の実績を知った近所の歯科医、瀬戸先生から、「鹿や猪による農林業への被害対策にもなるのだから」と、獣猟に誘われて狩猟免許を取ったこともあり、ここで獣を撃つ銃が必要になったわけだ。

まず、手持ちの銃が使えないかと考えた。だが、射撃銃というのは重くて長くて、山の中で持ち歩くのには向かない。それに、山に持って行けば傷だらけになりかねない。ましてはペラッツィのような高級銃は、貴族でもなければ狩猟に持って行こうとは考えない。私は庶民である。「じゃあ多少重くても長くてもトラップ銃を使えばいい」ということになるのかというと、そうもいかなかったのである。

鹿や猪を撃つ弾は、「スラッグ」という1粒弾か、12番口径だったら大粒の鉛玉6粒とか9粒を一度に放出する「バックショット（Buckshot）」が使われる。「Buck」とは「雄鹿」のことで、雄鹿を撃つための弾を意味している。これに対して、より小さいいわゆる「散弾」は、主に鳥を撃つための「バードショット（Birdshot）」と呼ばれる。

バックショットは獲物までの距離によっては、狙ったところから離れた範囲に弾が散る。跳弾も危ない。そのため私が猟に参加する予定の地域では、このバックショットを使わない慣習になっている（自粛を促している自治体もある）。また、食肉処理業者が食肉として流通できるように仕留めるには、ライフル銃を使うか、散弾銃であればスラッグ弾を使うことになっている。

一方、銃の方は使用目的によって銃身の「絞り」を選ばなければいけない。例えば、スキート競技は標的の飛行しているところまでの距離が20m前後、トラップ競技は40m前後。発射された散弾がその距離で有効に散らばるように調整するのが、銃身の銃口部に施された「絞り」である。「絞り」は遠射用になるほどきつく、出口の直径が小さくなる。

さて、全絞りであっても、スラッグもバックショットも銃口を通り抜けることはできるが、弾のパッケージの方には使用しないように書かれている。絞り部分を交換することができる銃もあるが、私の銃は2丁ともそれができない。

こうして私の射撃銃2丁は、獣猟には不適当ということになった。それでやむなく瀬戸先生の奥様がお使いだったウィンチェスターの410番口径レバーアクション銃を使うことになったのだ。小さい実包なのでパワー不足ではあるが、獣猟にはもっぱらこれを使うことにしたため、12番口径の散弾銃は、まず獣猟に使う機会がなくなった。

しかし、山鳥を追いかけるようになってみると、410番口径の実包は小さいくせに値段は高いわ、飛ばせる散弾は少ないわ、狙うにも照門と照星があるので飛んでる鳥は狙い

獣猟に使うことになったウィンチェスター

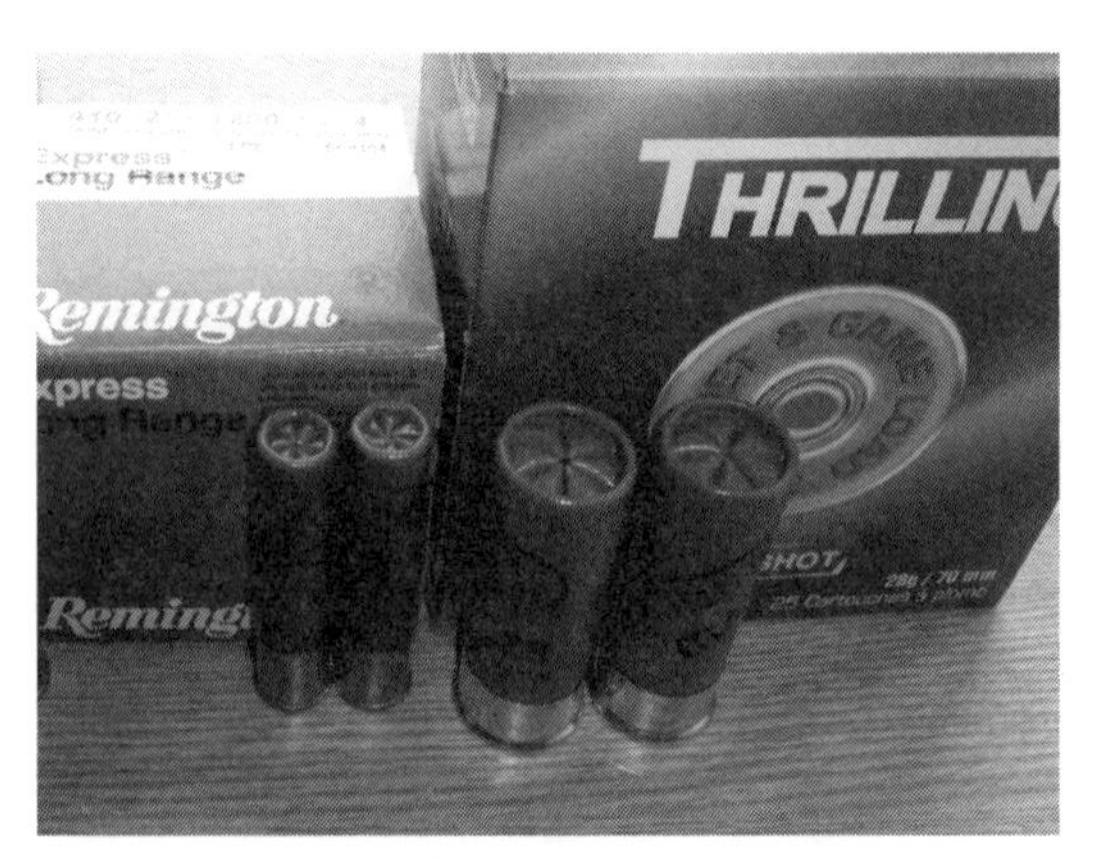

口径の違いによる使用実包の違い。左が 410 番、右が 12 番

にくいわ……。それで、鳥撃ちには12番口径の射撃銃を持って出かけるという使い分けをするようになったのである。使う弾は7・5号28g装弾。カラスを撃つ駆除活動では、皆さん、5号くらいの粒の大きめの弾をお使いのようだが、私はなんでもこれ。とにかく安いし、粒が小さいぶん多いから、当たる確率は大きくなる。

あとはその距離でその獲物にダメージを与えられるかである。トラップ銃との組み合わせで、40mくらいまでの距離ならカラスも撃ち落としている。全然問題ないという印象。ただし獲物が近いときには、散開した散弾の端っこが少しだけ当たるように狙うことが大事。近くの獲物にまともに当ててしまうと、解体して食べるときに大変になってしまうのだ。

5　キジは美味い、山鳥も……

２０１５年度は私にとって３シーズン目にあたるが、全く振るわないまま猟期が終わろうとしていた。

山鳥を探して山へ単独２度入るも出会いなし。巻き狩りにも２度参加したが、狙う機会も猟果もなし。不完全燃焼だったうえ、私にとって猟期最後の休日、２月14日も朝からすごいドシャ降り。諦めて妻とホームセンターへ買い物に行き、そんな天気に思い立って長靴を買った。

ところが昼食後には青空が広がってきたものだから、これも運命、鉄砲と買ってきた長靴を用意して山際の農地へ行った。そこで初めて、山鳥の仲間であるキジを捕獲することになった。

蔓に覆われたみかんの木の下で、キジがバッバッバッバッバッと母衣打ち(ほろうち)（ドラミング）したのに気づいた。距離はわずか８ｍ。トラップ銃で頭の数センチ前を狙い、散らばりはじめた散弾の端っこの何粒かが頭に当たることを祈ってズドン！　もくろみどおり、散弾のほとんどが外れ、キジはその場にパタリと倒れた。

後日、子どもがお世話になった小学校の先生とキジ鍋を堪能することができた。前のシーズンには、鳥撃ち名人の渡邉さんからもらったキジで焼き鳥と炊き込みご飯を作って、初めてのキジ料理を食べた。キジは美味い！　山鳥もきっと美味に違いない。

第2章　山鳥の魔力

1 錯視

2017年2月7日、瀬戸先生と薬屋の仲間、菅野さんとで山へ鳥撃ちに行った。私はトラップ銃を持参。弾は7・5号28g。私は仕事なので9時までのタイムリミット付き。山までは自分のバイクで向かう。

そこは背の高い木の少ない明るい東向きの斜面だったので、灌木やスズタケがところどころに茂っている。菅野さんと私は横並びという感じで、その間を縫って南方向に向かって歩いていた。瀬戸先生は10mくらい後ろの少し高いところをついてくる。

そのとき、前方の茂みからからキジバトと思われるちょっと大きめの鳥が飛び立って、我々より少し目線の高いところの木の枝にひょいと乗った。私はせっかく遠くから来た菅野さんに撃ってもらいたいと思って、

「キジバトでしょ、撃ちなよ」

そう言いながら立ち止まったのだが、菅野さんは、

「え、どこ？」

と、そっちの方が視野に入っていなかったようで気付いていない。

そうこうしているうちに、その鳥はすぐにまた飛び立った。飛んでいる間に自分で構えて撃ってしまうべきだったが、こんどこそ菅野さんも気づいて撃つのではないかと思った。菅野さんの正面なのである。しかし、やっぱり撃つ様子がない。鳥はその奥のボサの中に横たわった倒木に降り立った。鳥はすっかり遠くに行ってしまった。もうこうなったら、私のトラップ銃の出番と思い極め、前後の茂みではっきりとした姿が見えなかったが、倒木の鳥が降りたところに狙いをつけてすぐに引き金を引いた。

「パーン」。30ｍくらいの距離だから、初矢の絞りなら悪くない。頬付けは不自然な調整はせずにトラップ射撃競技と同じ狙い方で撃った。音が響いた直後には何も起こらず、私は倒木の下に転がっているキジバトを回収するつもりで、銃を折っていま撃ったカラ薬莢を取り出しながら歩きだした。

このとき後ろから瀬戸先生が何か叫んでいたようなのだが、意識がキジバトの方に行っていて耳に入らない。銃に新しい弾を入れるためにそこへ目が行ったほんの一瞬の後、どこからか鳥が我々の行く手にポンと飛び降りてきて、歩いて横切り、左手の何本か並んだ灌木の陰にまた入ってしまった。私と菅野さんは、その時初めてその鳥を真横から見た。キジバトだと思ったその鳥は、尾の長いオスの山鳥だった。

「おい、それ山鳥だ、山鳥!」

叫びながら走り寄って来る瀬戸先生の言葉がやっとはっきりした。

山鳥が降り立ったところまで急いで移動する。その下からはやや急な斜面の谷間になっていて、飛び立って滑空して行ってしまった可能性があるのだが諦めきれない。その辺に転がっているかもしれないと思い、斜面をウロウロして探し回ったのだが、結局山鳥はそれっきり姿をくらました。

店の開店時刻が迫っていた私に、

「明日の朝、もう一度探しに来たら? もし発見できたら、寒いから肉も傷んでないいんじゃない?」

と、気を遣って菅野さん。だが、実際に検証したわけではないが、先輩の猟師さんたちの話では、動物の死体や解体後の残滓を山の中で放置すると、一夜のうちに消えてなくなってしまうのだという。それは大きさにもよるだろうし、骨や羽根くらいは残っているだろうが……。

今日の山鳥に放った一矢だが、とにかく短い時間ではあったものの、無理のない距離で狙って撃ったのに、その場で「バタリ」とはいかなかった。なんでだろう。どうもトラップ銃はよくわからない。それとも、撃ったときにはすでに、降り立ったところにはいなかったのだろうか。「あれだと思う」くらいの感じで、モノの輪郭をはっきり捉えて撃ったわけではないのだ。

それにキジバトだと思っていた。最初に飛び立った時、目線より少し上の枝に止まった。その角度が、ちょうど尾を真後ろから見る角度で長く見えなかった……そうとしか考えられない。瀬戸先生は我々より高いところにいたので、はじめから長い尾がよく見えたそうである。鳥に全然気付けなかった菅野さん、眼鏡をかけてはいるが、ウルトラセブンの〝ウルトラアイ〟のような小さいレンズだから、正面しか見えないのかもしれない。いや、もしかすると、オスの山鳥はその時空を支配しているのではないか？　ここまで来ると、そんな気さえしてくる。

それに悔しい。私は癖も性分も見抜かれて、完全に見切られていた。

「今井は遠くからきている菅野に遠慮してすぐには撃たない。菅野は目が悪くて気づかないし、瀬戸は前方の二人を気にして撃たない。それに今井は一つの的に1発しか撃てない。そういうルールのスキート射撃の選手だった。すぐに2発目を撃つ心構えができていないし、直せない。でも、あいつが狙ったところには弾が来るからな。倒木に止まったらすぐに身を隠すんだ。前後のボサでよく見えないはずだ。そして1発目を撃った後、弾替えしてる間に逃げればいい。ちょっと姿を見せてやろう。メチャクチャ悔しがるだろうな。

ハッ、ハッ、ハッ！」
もう、絶対そうだ！

2　弾はどこへ？

山鳥を仕損じたのはさすがに悔しく、この鳥撃ちによく使うトラップ銃を詳しく調べてみることにした。

この写真は、高さ４㎜の照星の上部に合わせてリブから４㎜上の平行な線上で狙った見え方である。照星の上に標的を載せた状態で、いつもこれと同じ見え方になるように構えないと、着弾は安定しない。だから照星の高さは重要だ。これより目が高かったり、照星で山鳥を隠したりすると、散弾は山鳥の頭上を飛んでいくことになる。

この点を踏まえて、私のトラップ銃の銃身を、リブ越しに30ｍ先の電柱に巻かれた白い帯を狙った状態（左の写真）で固定し、それぞれの薬室から覗いてみたのが次頁の写真だ。あと矢を発射する上の銃身（中央の写真）は白

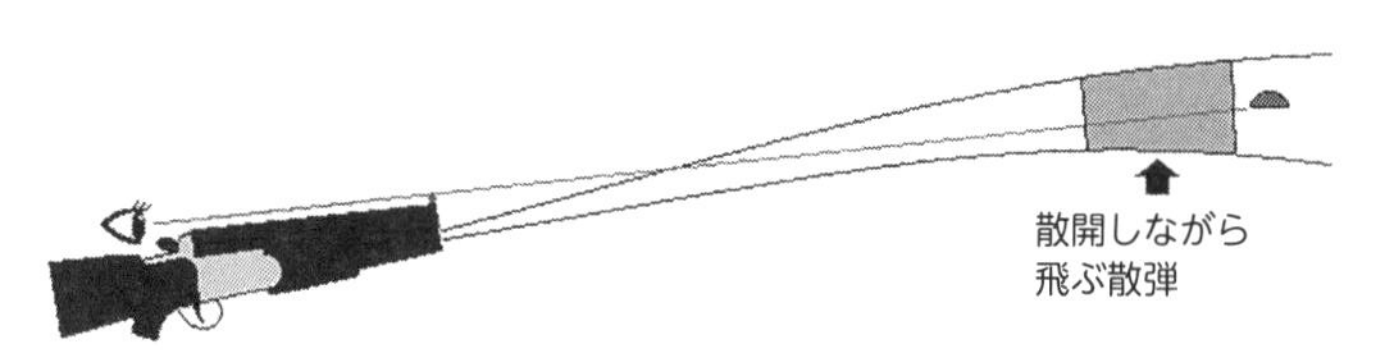

トラップ銃の初矢の狙いの線と散弾の飛び方

向きの比較　電柱に巻かれた白い帯を狙ったときの上下の銃身の向き

い帯が筒の真ん中に見える。つまり銃身はリブと平行なのだ。しかし、初矢を発射する下の銃身（右の写真）は白い帯より上を向いている。

リブと銃身の関係を測ってみると、上の銃身は確かにリブと平行であった。一方、下の銃身は1ｍにつき8㎜上を向いていた。だから30ｍ先なら弾の出た銃口より24㎝、40ｍ先なら32㎝上に向かって飛んでいくことになる。これは飛び立って逃げていく標的に当てるため、やや上に弾が行くように設定されたトラップ銃の仕掛けの一つなのだろう。

この仕掛けは、下から上へ逃げていく標的と自分の上を越えていこうとする標的に対しては有利に働くが、止まっている標的、目線より上で逃げていく標的、上から下に向かっている標的を狙ったときには不利になりそうだ。

それ以外の要素として、初矢の銃口の中心は、照星の上端より4・4㎝低いこと、散弾は初速が400m／sくらいと言われているので30mなら0・075秒の距離で2・8㎝、40mなら0・100秒の距離で4・9㎝落ちる（当たり前だが弾も飛んでいる間に落下する。計算は、空気抵抗による弾の減速を無視した）ことを計算に入れると、散弾は30mでおよそ17㎝、40mなら23㎝狙ったところより上にまとまることになる。しかし、初矢の3／4絞りでこの距離なら70㎝前後の有効な着弾（これを「パターン」という）が得られるはずなので、山鳥をはずすほどの大きなズレには……ならない。

結局、正しく正確に狙えば当たるらしい。狙い方をしっかり決めて、自信を持って撃つとしよう。だが、こうなると先日の一矢、ますます不思議に思えてくる。

犬なしの山鳥猟にスキート銃を選びたい理由

鉄砲を撃てる林の中やボサの中というのは、位置を正確に把握し、記憶しておくことが難しい。ひとたび視線がそれただけで、それまで見ていたところがどこだったのか、わからなくなってしまうこともある。

撃ち落とした鳥も、鳥猟犬を連れていれば拾ってきてくれるが、自分で探しに行くと見つからない。枯れ葉・枯れ草に紛れてしまって発見しづらいのもそうだが、そこまで直線では行けないことが多く、斜面の凹凸や障害物をよけながら進むうちに周囲の似た光景にだまされて、違う場所に行ってしまったりする。暗いとなおさらだ。猟を始めてみて、山の中で迷ってしまう理屈がよくわかった。

実は、山鳥を獲りに出かけるときにスキート銃を選びたい理由の一つに、獲物の回収の問題がある。近場で山鳥が驚いて飛び立ったのを狙うから近距離用という意味も当然あるのだが、それだけなら遠距離用のトラップ銃の場合には、その分だけ鳥を飛ばしてから撃てばいい。

しかし、それによって獲物が遠くに落ちてしまい、山の斜面の凹凸や茂みを迂回しながら探しに行くことになったら、自分では見つけられない蓋然性が高くなる。カラスを駆除するなら回収できなくてもあきらめがつくが、山鳥はそうはいかない。だから遠いと思ったら撃たないつもりでいる。

逆に、スキート銃を持っていって獲物が遠くまで飛んでしまったら、「遠いからあきらめよう」ということにもなり、無理をしなくても済む。だから犬なしの山鳥猟では、機能面から判断すると、近距離射撃用のスキート銃や平筒の銃が一番というのが私なりの結論なのである。

3　消えた山鳥

2018年1月4日。目覚ましをかけず寝てしまったのだが、7時前に目が覚めた。昨日の夜まで「山鳥と勝負しに行けたらいいなあ」くらいに思っていた。今猟期、まだ一度も出猟していなかったのだ。正月休みの明け、というより、年末年始には今日のこの時間帯以外は出猟できる時間を作れないと思って11時開店にした……これが本当のところ。

窓から外を見た。晴れていた。すぐに準備をし始める。が、銃をどうしよう。迷う。犬がいるわけではないので、林道から山鳥がいそうなところに踏み込んでいって、出会い頭で相手が慌てて走り出したり、飛び立ったりしたときに勝負をするしかない。実はそれが面白い。それに遠くまで飛ばれると、仮に命中させることができても起伏のある雑木林の中では、発見し、回収することが難しくなる。こういう事情から10～20mでの近射用の銃を選びたいのだ。

待ち伏せという方法もある。水を飲みに水場に現れるのを待つのだ。それなら30m前後の距離を考えて銃を選ぶのが良いだろう。しかし、この時期は岩から滴る水滴のみならず、沢の流れにも氷柱ができる。山鳥が沢に現れる9時くらいまでの時間はとにかく寒いので、待ち伏せはじれったくて気が進まない。だとすれば歩くしかない。沢の岩場など銃を手に持ちながら歩くことはできないから、肩から掛けるための負い革がなければ無理だ。負い革のある私の銃は、残念ながら遠射用。安全を選んで、遠射用のトラップ銃を選んだ。

なぜ近射用のスキート銃に負い革を付けないのか？　それは山歩きで傷ものにするには忍びない、思い出の詰まった高級な射撃銃だから。あるもので何とかするというのはつらいものがある。

窓を開けて気温をみる。寒そうだ。しかし、ズボン下が見つからない、ネックウォーマーが見つからない、山を歩くときに使う手袋が見つからない……。出かけるチャンスの乏しさからひどい準備不足だ。

ようやく準備が整って、バイクで目指す場所に向かう。林道を奥へ奥へと進んでいく。沢に沿った登りの道をまっすぐ進んでいるとき、普段は水が流れているその沢に水がないことに気づく。ここのところ雨が降っていないからだ。以前その先の道で地元猟友会の長老、安藤さん（昭和4年生まれ）と行き会った時、犬なしで山鳥を追っていることを話したのだが、彼から教えてもらったことを思い出した。

「雨が少ないときは水のあるところが限られているから、水飲み場で待っていれば山鳥も必ず来るよ。そういうところを見つければ、犬がいなくったって大丈夫。がんばって」

安藤さんの話は「待ち伏せ」であったから、流し猟前提の私は、水のある沢を狙おうとまでは思いが至らなかったが、バイクを運転しながら、沢にチャンスがあるかもしれない、なんとなくそう思った。

厚手の手袋をしているが、寒さで手が痛くなってきた。靴下も厚手のものをもう一枚履いてくればよかった。ときどき左手をバイクの空冷エンジンに当てて温めるのだが、アクセルを握る右手は、上り坂を走っている限りどうにもならない。しかし、どっちにしてもエンジンそのものが熱く感じられなかった。目的地近くでバイクを下りた時、手袋をした両手をバイクのマフラーに押し付けてみたが、それでも全然熱く感じられない。今朝の山はそれほど寒かった。

いくつかのポイントを通ったが、山鳥とは出会うことがなかった。林道に下りて銃から弾を抜き、カバーをした。三が日も終わって、今日からはこの林道にも作業をする人が入ってきている。すでに遠くでチェーンソーの音が響いている。裸銃を持ち歩くのはさすがにまずい。

バイクに戻ろうか、それとももう少し先にある沢に行ってみようか……そう迷った時、バイクを運転しながら考えたことが思い出された。時計を見る。8時40分を回ったところ。まだ沢にいるかもしれない。それで行ってみる気になった。

しかし、これまでにも橋の欄干越しに何度もその沢を見下ろしているが、視野に山鳥を見たことがない。それにこの寒さにして、この時期では日の当たらない沢である。それで、「またどうせいない」という冷めた気持ちを拭いきれず、準備なしにそのまま沢の上流側を見ながら橋に足を踏み入れてしまったのだった。

橋の4分の1ほどを渡り、歩みを止めたとき、視野の左上に向かって動いているものに気が付いた。沢の岩場のすぐ脇には木は生えていなくて、赤い土の斜面に落ち葉が乗った状態になっている。それまで自分も動いていたこともあって、その背景の中で動いているものを発見するのが遅れた……これは間違いない。動いているものに焦点を合わせながら、自分がうかつだったことを悔やんだ。それはその場の背景色に溶けこむ赤茶色をしていて、2本足で歩み、長い尾を備えた、オスの山鳥だった。

もちろん、向こうも橋の上を動く奴が現れたから、隠れるところのないその場から慌てて移動を始めたのである。だから私も気づくことができた。だが、相手に気づかれる前に、こちらは準備万端整えておかなければいけなかった。「まだ沢にいるかもしれない」と思ったからこそ、そこまでわざわざ足を延ばしたのだから。自分の緩い性格が出てしまった。悔やんでも悔やみきれない。

山鳥が向かう3m先の土手には2本の木がくっついて並んでいて、その根元がこんもりとしている。

（あの陰に隠れようというのか……）

慌てて腰をかがめ、目は欄干の隙間から山鳥を捉えたまま橋を戻りながら手探りで銃のカバーを外し、橋のわきに回り込んで弾を込めて銃を構えた。距離は35mほど。トラップ銃の初矢ならちょうどよく、そのまま引き金を引けば、タイミング的にもギリギリで当てられたと思う。

しかし、「安全装置はどうなっているだろう？」という不安が頭をよぎった。初めての巻き狩りで、安全装置を掛けたまま必死で引き金を引いて弾が出ず、その結果として鹿2頭に逃げられた経験がトラウマになっているのだとしか言いようがない。山鳥がその木の後ろに隠れたとしても、私の目で見る限り、その木の向こうから、こちらに姿を見せずに逃げおおせることはできないように思えた。それで慌てて撃つことはせずに、安全装置が掛かっていないことを、肩から銃を下ろして確認してしまったのである。安全装置は掛かっていなかった。

（馬鹿な！　引き金を引けばよかった……）

十分に位置関係を把握しないまま山鳥の隠れた木から目を離してしまったため、そこから見て似ている二つの場所のどちらだったのか、はっきりしなくなってしまったのがまた情けない。まずは引き金を引いてから、発射されなければ安全装置を解除する。それでも状況は全く変わらなかったのに、最初のチャンスを棒に振ってしまったわけである。

だが、二つある木の根の盛り上がったところのどちらかの背後には、まだ山鳥がいる。きっとまた姿を現すはずだと期待しながら銃を構えて待っていた。ところが、山鳥は一向に姿を見せない。

あの陰に、本当にまだいるのだろうか？　だんだん不安になってきた。それで沢に下りていくことにした。銃の安全装置を掛けて肩に掛ける。

山の中を歩くと、こうやって安全装置を掛けたり解除したりを繰り返す。安全装置を掛けた状態で弾を抜いてしまうこともある。これが今回迷った理由で、急いで弾を込めて肩付けし、引き金を引いたのに安全装置が掛かっていて弾が出ない……それが心配で、安全装置の状態を確認してしまった。狩猟では、狙うまでの銃の操作に「安全装置の解除」を入れた方が良いのだ。使う銃すべてについて、無意識に、確実に、「安全装置の解除」の操作をできるようにしておかないと、肝心の時に発射できない、あるいは今回のように心配になって後れを取ることになる。

山鳥のいるはずの辺りに注意を払いながら、足もとをチラチラ見て気を付けながら沢に下りていく。行く手に立っている細い木を左手で払うと、何かが手のひらに刺さったような痛みが走った。手のひらに目をやると、その視界に入った細い木はバラの木であった。手のひらにバラの棘が刺さったのだ。急いで刺さった棘を右手で払い落とす。目をまた元に戻し、沢に下り切ったところで銃を肩から下した。すぐに銃を肩付けできる体勢で、岩がゴロゴロしている水の少なくなった沢を渡り、隠れた山鳥が飛び立つのを警戒しながら回り込み、茶色い土手を登りながら近づいていく。そして、とうとう橋のたもとから見た木々を真後ろから見る位置まで来てしまった。

ところが、いるはずの山鳥がいない。周りを見回すが跡形もない。木の下は乾ききっているし、霜の降りるところは凍っているしで、足跡がわからない。飛んだ羽音も聞こえず、どこをどう通って逃げ去ったのか、全然わからなかった。

山鳥は、私が慌てふためいて辺りを見回す様子を、どこかから覗き見ていたのだろうか?

4　鹿2頭いただき……!?

10日前に逃げられた山鳥を狙って、再びあの沢へ行ってみた。今日は悩んだ挙句にスキート射撃用の12番口径上下二連銃、ペラッツィを選んだ。負い革が付いていないから、厚手のソフトカバーに銃を入れ、移動中はそれを袈裟懸けにする。弾はいつもの7・5号28g。

沢へは前回と同じ時間、8時40分ごろに着いた。途中の林道で、巻き狩りをしに来ているグループの方々と挨拶をした。山で会ったら挨拶くらいしないと極まりが悪い。何を狙っているのか訊かれたので、「山鳥ですね」と答えたら、やっぱり「犬は?」と訊かれた。

「犬はいませんね。見当をつけた場所に踏み込んでいって、出合頭に飛び立つのを狙うしかありません」

「犬なし?　すごいなあ……」

そう感嘆された。バイクのどこを見たって犬を乗せるところなどないのだが、それくらい猟師の間では山鳥猟に犬を連れて行くのは常識なのだ。こんどはこちらから巻き狩りをする予定の場所を訊くと、私が行こうとする方角とは反対だそうで安心した。

さて、今回はヘマをするまいと、橋に着いたら欄干で身を隠すようにゆっくり移動しながら沢全体を見渡していった。しかし、山鳥の姿に気づくことはできなかった。

もう少し待ってみようかと思いはしたが、私はこれが苦手なのだ。カバーのチャックを開き、銃からカラ撃ち用に入れてある薬莢を取り出してコートのポケットに入れた。そして弾を込め、銃床のグリップを握る右手の親指で安全装置を掛けた。前回のように安全装置でまごつかないように操作を確認した。そして再び銃をカバーに収めて肩に掛け、橋のたもとから沢に下りていく。

そこに流れ込んでいる支流の沢は完全に凍ってしまっていて、まるで時間が止まったようだ。その様子をスマートフォンで写真に収めようとしたら、写真のフレームの中を腹の白いニホンリスが走り抜けていった。残念なことに、オートフォーカスはそれを写真に収めることができなかった。

（この支流の沢を登って行ってみようか。この間の山鳥は、どこをどう通って消えたのだろう）

山鳥が消えた場所は、その支流と本流に挟まれたところだった。本流側は巨大な岩がゴ

雫も凍りついて音もしない沢

ロゴロしていて、山鳥は羽ばたくことなくしては、それらを乗り越えて本流沿いの斜面に消えることができたとは思えず、どちらかと言えば支流に沿った赤土の斜面を登っていったような気がするのだ。枯れ葉の敷き詰められたその土手は山鳥の色とそっくりだ。それで見逃してしまったのではないだろうか……。

私は銃をカバーに入れたまま手に持って、支流の斜面を登り始めた。途中、沢を渡りながら歩きやすいところを選んで登っていく。沢は、岩場を滴る水も凍りついて動かない。小さな滝壺の水面も動きを止めている。音もしない。不思議な光景だ。それを写真に撮っても、柔らかい水が流れている沢を撮ったのと区別がつかないような気がしたが、岩場に銃を置き、スマートフォンを取り出してカメラのアプリを開いた。

こうして自分の動きが小さくなったとき、左手の斜面の奥の杉林で、ドタドタと音を立てて近づいてくるものがいた。目だけを動かしてそちらを見やると、それは2頭の雌鹿だった。私に気づいたのか、私の左後方で2頭は止まった。私は小さな動きでスマートフォンをコートのポケットに滑り込ませながら、ゆっくりと銃の入ったソフトカバーを引き寄せてチャックを開け、ペラッツィを引き出した。

トップレバーを操作して銃を折り、7・5号の弾2個を抜き取った。そしてコートのポケットから、その代わりに入れるものを手探りで取り出して装填した。鹿はまだ動かない。ゆっくり動いているから驚くこともなく、焦ることもなく、飽きずに見続けていたのではあるまいか。全く動かなければ、「何だろう」あるいは「何してるんだろう」という関心を持つこともなく、鹿はサッサと通り過ぎて行ったであろう。

私は、それからも大きな動きを見せないように、銃を抱え上半身だけをゆっくりそのまま回転させて、鹿のいる方を見た。安全装置を外し、こちらを見ている林の中の黒い影の一つに向けて銃を構え、確信をもって引き金を引いた。

「パチン！」

物音ひとつしないその空間では、それは鹿にとって十分大きな音だったはずで、林の中をドカドカと駆け下り始めた。その後に続くもう一頭を追いながら、また引き金を引く。

二頭目にも当たった――だろう、間違いなく。

（うまくできたのになあ……）

心の中で思いながら、本流の沢を渡って向こうの斜面を登っていく2頭を見送った。ペラッツィから、カラ撃ち用にとっておいたカラ薬莢を抜き取り、また鳥撃ち用の7・5号弾を装填し直した。

……私は、獣を撃つときにはウィンチェスターのレバーアクション410番口径を使っている。だから12番口径用の弾はクレー射撃用か鳥撃ち用の弾しかなく、獣を撃つための弾を持っていないのだ。実は前々から気になっていた。12番口径の散弾銃で鳥撃ちに出かけたときに、熊が出たらどうするか？　猪だって怖い。鳥撃ち用の散弾ではとても身を守れない。

「12番口径用のスラッグ弾を買いに行こう」

朝の沢には、山鳥も来れば鹿も来る。実際には時間帯がズレるのかもしれないが、熊が来てもいいようにしておこう。2頭の鹿は残念だったが、これをきっかけにしなければ。

今日はそんなわけで、貴重な沢歩きをすることができたのだが、結局、前回この場所で棒に振った今期最初のチャンスが、最後のチャンスになってしまったのだった。

5　熊や猪を差し向けられたら

私はこれまで、12番口径の散弾銃2丁は射撃か鳥撃ちにしか使ってこなかったし、獣を撃つためのバックショット弾やスラッグ弾を購入したことがなかった。しかし、鳥撃ちだってスラッグは持って歩くものなのだ。

鳥撃ち名人の渡邉さんから、こんな昔話を聞いたことがある。

例年どおり岩手県まで犬を連れて山鳥を撃ちに出かけた。沢の向こうで犬が追い出した山鳥に向けて6号の散弾をバンバンと撃っていた。撃ちながら沢の上流、自分の視野の右端で、黒いものが動いたような気がした。撃ち終わった弾を込め直していると、先ほどの視野の端の辺りにあるケヤキの倒木の下から黒い塊が飛び出してきた。冬眠のための穴を掘っていた熊である。熊を撃つならスラッグ弾だ。ところが前日、「あの木の枝が邪魔だなあ」と、最後のスラッグ弾を試射のつもりで枝に向けて撃ってしまい、手元になかったそうなのである。こうなったら仕方がない、渡邉さんは、慌てて銃の中の6号散弾を発射することはせず、沢を一目散に走り下りた。頭の中では、追いつかれて目の前まで来たら

6号の散弾でも少しは効くだろう。「撃つのはそのときだ」、そう考えていたそうだ。だが、軽トラを降りた道が近づくと、熊は渡邉さんを追いかけるのをやめて引き返していった。悠々と歩きながら……。

沢の奥の方に行っていた犬は近くまで戻って来たようだが、熊の姿を見て吠えもせずに逃げてしまった。鳥猟犬である。仕方がない。

渡邉さん、そのときのことを振り返ると、

「あの距離であの状況では、スラッグ弾があっても装填し直せたか……。たぶん無理だろうなあ」

という結論らしい。熊が自分に向かって走って来ているのである。慌てると、銃から6号散弾を抜いたあと、手にしたスラッグ弾を薬室にうまく装填できずに沢に落としてしまうとか……大いにありうる。そうなると目も当てられない。

渡邉さんが熊と出会ったのは、長い狩猟歴のなかで、後にも先にもこの一回だそうである。南足柄でこんな経験をするかどうかはわからないが、となり町の山北の国道近くにも熊は出ている。渡邉さんの話を聞いて、

（そんな怖い思いをするのはまっぴらだ）

ずっとそう思いながら、ついスラッグ弾を買わずにきてしまった。だが、山鳥を追うよ

うになって感じていることがある。

（山鳥には魔力があるのではないか？）

渡邉さんのように熊を差し向けられたらどうする？　猪だって恐い。

一昨日の沢での苦い経験に懲りたこともあり、早速近くの佐藤銃砲火薬店に12番口径用のスラッグ弾を買いに行った。

お店の人に、犬なしで山鳥を探しに行き、鹿を撃ち損じた話をした。

「だから、このスラッグ弾を使う銃はペラッツィなんです。すごいですよねえ、貴族みたいでしょ」

そうお茶らけて話したら、

「そうですねえ、ペラッツィを持って猟に行くなんて話、この辺りではあまり聞きませんねえ」

と、相槌。

さて大事なのは、銃にこの弾を込めるとき違う弾と間

違わないことである。ケースは大きさも形も同じなのだ。自分で買った他の弾とは色が違い、これは中身が透けて見えるから、目視すれば間違いない。しかし、撃とうとする相手から目を離さずとも、間違いなく装填できるようにしておきたい。それに一度装填してしまうと、ちょっと見ではもう区別がつかない。手探りで弾を薬室に装填してから、

「間違いなくスラッグか？」

そんなふうに心配になって、薬室からもう一度弾を引き抜いて確認し直す……これは間抜け過ぎる。

そこで弾帯にスラッグ専用の場所を作った。いざというときのための備えなので、取りにくいところにするのもどうかと思い、思い切って一番取りやすいところにした。弾にも黒の油性ペンで12番スラッグの「12S」の字を書いておく。これでどうだ！

第3章　後ろめたさと、獲りたさと

1　雪のあとの寒波のときには

引き続き２０１７年度、５シーズン目の話だ。

土曜日の段階の天気予報では、明日1月24日の水曜日の最低気温はマイナス10℃となっていた。関東人の私には意味の分からない気温。今の予報だとマイナス９℃になっているが、いずれにしても、どんな朝になるのだろう。

昨日の雪が、思いのほか積もらなかったことには救われるが、寒い日が続くようだから、山の中の日陰の雪は、自然にはなかなか消えまい。あの山は今どんな状態なのだろう?

まったく雪に覆われてしまえば、動物たちは雪のないところまで餌を求めて下りてくるのかもしれないが、今回の雪はそれほどでもなかったはずだから、こっちから出向かないとダメだろう。雪が積もったところというのは、動物たちの足跡をはっきり見ることができるから面白い。しかし、それはそこまで行ければの話。

道の除雪が進んでも、雪解け水が道に流れ出て夜中に凍り、日陰ではスケートリンクのようになる。鉄砲を背負って普段の足である１２５ccのバイクで、除雪の済んだ林道を

2015年2月1日、近所の林道にて

登って行ったことがあるが、そういう場所では上るときはそれほどでもないが、下るときは恐ろしい。2か所ほどスケートリンクを通り過ぎたところで、帰りの下り道を想像してそれ以上進むのをやめた。帰りにそこを通るときには、一度少し手前で止まり、「絶対にブレーキをかけるなよ……」と、自分に言い聞かせ、ニュートラルの状態でタイヤを転がして一気に下りた。加速しながら、その先のコーナーが近づいてくるのだが、そこを渡り切るまでブレーキを掛けられないという、あのスリルといったら。

さて、無理してあんな怖い思いをするのはもうご免だから、こんな時には考えることを切り替えて、猟銃のカタログでも見ることにした。

射撃をしていたころは、上下二連銃しか興味がなかった。「上下二連銃ほど格好のいい銃はない！」と思っていたのだが、猟を始めてから気になるのは水平二連銃である。

銃身が2本並んでいて、それぞれの銃身から発射できる2連発の銃のうち、銃身が上下に並んでいるものを「上下二連銃」、水平に並んでいるものを「水平二連銃」と呼ぶ。水平二連銃は、水平に並んだ2本の銃身の間に狙うためのリブがあるので、上下二連銃と比べて銃身が目について狙いにくいという意見がある。しかし何と言ってもこのクラシックな雰囲気がたまらない。軽量で山歩きにも楽そうだ。もちろんその半面、反動はきついだろうが……。

2本の銃身を備えた利点を生かして、絞りの異なる遠距離用と近距離用の散弾用銃身を備えた二連銃とか、散弾用銃身とライフル銃身を備えた二連銃とかもあるので、その時の状況によってどちらの銃身から発射するか、とっさに選べるように引き鉄も2本備えている二連銃があり、これを「両引き」と呼ぶ。これに対して1本の引き鉄を備え、1発目（初矢）を発射すると2発目（「あと矢」又は「二の矢」と呼ぶ）を撃てるようになる仕組みになっているものを「単引き」という。こちらは1発目をどちらの銃身から発射するかを前もって設定することはできるが、獲物が出てからそれを切り替えることは難しい。実際に使いこなせるかはわからないが、瞬時に対応できる「両引き」の玄人っぽさには憧れ

メルケル（ドイツ）の両引き水平二連銃。2015年2月12日、台東区のサカイ銃砲店にて

る。東京・台東区のサカイ銃砲店で見せてもらった両引きのメルケル（ドイツ）なんか最高なんだが。

それで、両引きの水平二連銃の絞りを調べてみた。散弾銃は、散弾が有効に散開する距離を、銃口部の直径を絞って（狭めて）決めている。この構造を「絞り（チョーク）」といい、絞れば遠くで散開する遠距離用になる。

各種の絞りの意味は、全く絞っていない銃身を平筒（シリンダー）、直径でおよそ0・8㎜狭くなった絞りを全絞り（フルチョーク）、これらの中間を1／2絞り（半絞り）という。さらに、1／2絞りと平筒の中間を1／4絞り（改良平筒）、1／2絞りと全絞りの中間を3／4絞りという。スキート射撃用のスキート絞りは、平筒より近場で開くと

12番口径の散弾銃の絞りの名称と本来の正確な口径差（単位は「インチ」）

名称	表示	口径
シリンダー、平筒　（直径0.730）	CYL.	0
インプシリンダー、改良平筒、1/4絞り	IMP.CYL.	－0.01
モデ、半絞り、1/2絞り	MOD.	－0.02
インプモデ、3/4絞り	IMP.MOD.	－0.025
フル、全絞り	FULL	－0.03

日本には、「平筒」と「全絞り」の口径差を1mmとし、0.25mmごとに説明した資料もある。

されるが、構造・理論はさまざまである。

私が欲しいのは近距離勝負の銃だから、平筒と1／4絞りまたは1／2絞りのような組み合わせの銃なのだが、探してみてもそもそも平筒を組んだ銃は見当たらず、1／4絞りと1／2絞りの組み合わせがせいぜいなのであった。もちろんメルケルもそうである。

こうなったら、メルケルを買って銃身の先っちょを切ってしまい、平筒2本の水平二連銃にしてしまおうか。それならスラッグも撃てるから獣猟にも持って行けるし……とも思ったが、そこまでしたら両引きの意味がないことに気が付いた。これでまた振出しに戻ってしまった。

2　山際の農地へ

私より年配の知人である山崎さん、私が狩猟をやるのを知って、「俺も猟師でした、子どもの頃は。オヤジの空気銃でスズメやヒヨドリを獲って食べたもんですよ」と懐かしそうに話してくれたことがあった。のどかな時代の話である。

「それじゃあ、こんど獲ってきてあげないとね」

そういう話で終わっていた。「頼まれた」とか「約束した」とまではいかないが、話だけではつまらないので、天気も良いし、でも山の奥へは雪で入れない。なので、車で5分ほどの山際の農地まで行き、空気銃でヒヨドリを獲って来ることにした。ヒヨドリは、駆除活動の際には駆除の対象にもなっているのだが、独特の風味を持っていて美味しい。これは、食べた人の間では共通意見。

ヒヨドリはこれまで散弾銃でしか獲ったことがない。前の猟期に空気銃で狙いがついて、引き金を引いたら故障。がっかりした。今猟期に入ってそれを修理できたので、使ってみることにした。

散弾銃の弾は安くても50円くらいするから、ヒヨドリ猟はコストを考えるとあまり気が進まなかった。だが、空気銃なら数円である。それに、散弾はどこに当たるかわからないし、まず腹部にも当たるからキレイじゃない。その獲物に弾がいくつ入っているかもわからず、食べるときにも注意を要する。

さて、あまり低い木だと弾が水平に飛んで行ってしまい危険なので、背の高いヒノキの

止まり木を見つけて、その木から15mくらい離れた木の根元から狙う。だからヒヨドリまでの距離は止まる高さにもよるが20m前後。スコープがついているから、胸を狙って撃てばこの距離ならそうは外さない。5発撃って4羽撃ち落としたところで、店の開店時刻もあるので回収に向かう。ところが、ヒヨドリは本当に見失う。小さいから木の枝に引っかかるということもある。それで探し回って回収できたのは結局2羽だけ。ひどい回収率だ。

回収したヒヨドリの羽をむしってみて思ったのだが、空気銃で仕留めると、それが非常に楽なのである。羽をむしるときに引っ張ると、弾の入口から皮が切れて剥がれてしまうのは何で撃っても同じだが、空気銃の場合には、それは入ったところと出たところの2か所だけ。場所もはっきりしている。

ところが散弾銃で撃つと、どうしても何粒か散弾が入ってしまうし、穴が小さいからどこに入ったかわからない。羽をむしっている間に、あっちこっち皮が剥がれてくる。カラスの場合には羽を皮ごと剥いでしまった方が良いが、ヒヨドリは皮下脂肪の付いた皮を残した方が美味しい。それに、空気銃で胸部を狙うかぎり、食材としてキレイである。レストランで出す場合には、逆に「胸に当てるのは避けてほしい」と言われるだろうが、自宅消費なら気にすることもない。

ということで、良いことづくめ。これならヒヨドリも食材としての地位を得られそうだ。あとは回収率を上げる工夫だな。

3　自分にとっての狩猟

1月28日の日曜日、日陰にはまだ雪が積もっている林道わきで、床几(しょうぎ)に座っている。前日まで一人バイクに乗り、山鳥狙いでこのあたりの高さまで上がって来ようかと思っていたのだが、それはとても無理だった。心の隅で「無理かもしれない」と思っていたところに、小澤さんから今日の巻き狩りの誘いがあったので、山鳥は諦めて参加した。そうしたら、1頭の鹿に、違う局面でウィンチェスターを2発撃った。しかし、鹿には逃げられてしまった。

すぐ横の林道を挟んで10mくらい南に、そんなに背の高くない幹の細い落葉樹があり、周辺が明るいこともあって、常にメジロやシロハラが飛んできてカサカサと音を立てている。その上の斜面の杉林の中では2羽のカケスがギャーギャーと交互に鳴いている。うるさい。

帰りにその様子をスマートフォンで撮影してやろうと思ったとき、「そういえばスマホ大丈夫かな?」と、心配になってズボンの右後ろのポケットからスマートフォンを取り出した。2発目を発射してから持ち場に戻るまで走っていて、滑って派手にすっ転んだのだ。雪の残っている山中での猟に備えて、上着をたくさん着込んでいたお陰もあって、どこかが痛いということは全然ないし、スマートフォンもカバーのカドが少し折れ曲がっている程度だった。それは助かったのだが、すっ転んだところを、1発目を外した報告で駆け付けた竜二さんに見られた気がする。

私が陣取ったところは、鹿が上がって来るであろう尾根と林道が交差した切通しのとこ

ろ。尾根を来た鹿は、林道を渡るために切通しのわきに下りて来る。そこはあきらかに獣道になっていて、その獣道と林道が交差したカドに立っている杉の木の根元に床几を置いた。
　視界が開けているところは相手からも発見されやすい。気取られないほど遠くから狙い撃つか、来ると見越して隠れて待ち伏せるかである。もしここに出てきたら、鹿との距離は5ｍしかない。だが、音さえ立てなければ気取られまい。先に気配に気づいて、銃を構えて待っていることができるかどうか。ここである。
　さて、長い待ち時間の後に、「今井さんの方だよ」と勢子長の恵理子さんからの無線が入った。私は尾根から下りて来る鹿に備えて銃を構えて待った。自分自身も何かが近づいて来るのを感じていた。そのとき、背後に小鳥たちはいたのだろうか。意識は鹿が下りて来るであろう尾根の方に集中していた。しかし、本命の向きではなく、少し右の谷間に近い方を向いていた。尾根を上がって来ないで、横巻きに谷間の方へ抜けてしまうかもしれないからだ。

だが、鹿は尾根を上がってきた。姿を現したのは、15㎝くらいの角が生えた若いオスだった。それは私の銃が向いている向きの20度ほど左側、つまり本命の場所である。鹿はそのまま下っては来ずに、一度立ち止まった。それは計算外だった。下り始めれば急には止まれない。そうなったら、鹿はどう動いただろう。たぶん林道をそのまま突っ切って斜面を登って行ったのではなかろうか?

ところが、止まったから、狙っていた20度の差を修正するために、私の方ですぐに動いてしまった。石のように動かなかったら鹿は下りてきただろうか? しかし、私が動くが早いか、鹿は反転して駆けだした。たちまち足が見えなくなり、尻から上しか見えなくなった。その白い尻っペタに向けて撃ってしまえばよかった。貫通力も破壊力もない銃なのだから、弾は内臓までは届かずに尻で止まったろうに。

だが、このときには細い首を狙ってしまった。発射したがなかなか当たるところではない。鹿はそのまま走り去る。切通しから後を追って尾根に上がり、その鹿を目で追いなが

ら逃げられたことを無線で伝えた。
　そこの地形は切通しが北に向かって130mも続くのだが、鹿が現れたところから北側は工事の資材置き場として使われたのか、林道の東側が広めに削られ、谷側の斜面際にその土が盛られていた。鹿は来た道を引き返すわけがなく、林道のどこかを渡ってさらに上ろうとしている。私が尾根に上がったとき、鹿はその盛土の向こう側へまわった。横巻きに北に走り、100mくらい先の切通しの切れ目で林道を渡るつもりに違いない。
　私は鹿の後は追わず、盛土の林道側を林道に沿って走った。鹿は予想どおりのところで林道を渡り、斜面をピョンピョンとほとんど真っ直ぐに駆けあがって行く。速い！　撃てるところまで行くには間に合わない。鹿が駆け上がったところから20ｍくらい手前で林道を渡ると、鹿は意外なことに、斜面の途中で横巻きに右から左に走り始めた。私が見上げる真上に向かって水平に走って来る。向きとしては狙いやすいが、距離は40ｍ以上。「鹿は大声で呼びかけると、止まって振り返る」という。このときそれを思い出して「おい！」と、鹿に向かって叫んだ。だが鹿は止まらなかった。

すぐに銃を構え、最後の望みをかけて杉の木だらけの林の中を走る鹿を狙う。鹿の向かう先の木と木の間が広いところを選ぶ。見える範囲にもう先がない。木と木の間はおよそ１ｍ。頭が差し掛かったところで引き金を引いた。

「パーン！」

鹿のスピードと鹿までの距離から考え、弾が到達するまでに鹿は20～30㎝くらい前に進むことを計算したが、自分の手ごたえとしては引き遅れた。当たったとしても尻か腿だろう。まあ、理想から外れた分、当たる確率が高い辺りに飛んで行ったと思う。

加えて銃の照準がやや左にずれている。止まっているものを撃つときには意識するが、動いているときにはそのまま左に行ってしまうだろう。だが、鹿は撃った瞬間に視界から消えていった。

（まず、当たってはいまい……）

スマートフォンが無事なのを確認してポケットに戻した後、逃げられた理由を振り返りながら、手足がふたたび冷えて感じ始めた痛みを味わう。

タツマの場所は？　構えた向きは？　自分のいる周囲を見回して考えていた。少なくとも、構えるなら本命の筋に向けて構えなければいけなかった気がする。目と意識だけは周囲全体に向けながら。それともジッと動かずに心を落ち着けて待つべきだったか？　そうしたら鹿は下りて来ただろうか？　それは試す価値がないわけではなさそうだ。

考えているとき、勢子をしている桐生さんが、無線で犬の動きが止まっていることを指摘している。

「半矢のやつがそこで転がってるんじゃないの？」

半矢とは、弾が当たった状態で獲り逃した獲物のことである。竜二さんがそこに向かったらしい。半矢？　銃声は全く聞こえて来なかったが、誰が撃ったのだろう。

しばらくしてタツマは解除された。

私をタツマから拾ってくれた車に桐生さんも乗っていて、

「誰か仕留めたんですか？」

と尋ねると、

「半矢になって動けなくなっていたやつを竜ちゃんが仕留めたんだよ」

更に訊く。

「誰が半矢にしたんですか？」

すると、

「誰がって、あんたしか撃ってないよ。こんなことだから410番なんかじゃダメだって言うんだ」

と、また愛銃ウィンチェスターをけなされた。どこに当たっていたのだろうか。とても自分が撃った弾が当たったとは思えない。あの勢いで斜面を駆け上がって行って、走り去ったのだ。当たったとすれば2発目か。

当たっていればスーパーショット、まぐれ当たりも甚だしい。

解体場に運ばれて来たその鹿は確かに若い雄鹿だった。人間で言うところの右足の「スネ」が折れていた。横目には胴体のすぐ下だから腿に思えるが、鹿でもキリンでも、そこはスネである。左面をこちらに向けて走っていて、左足に当たらずに右足に当たった？まあ、なくはないだろう。斜面の下から狙ったのだ。それに、なんと首の左にも弾痕があった。竜二さん、周りにいる犬を避けながら斜面の上から、まだ動いている頭を狙ったものだから4発撃っていて、これは私が撃ったものか竜二さんが撃ったものか……。とにかくそんな検分には皆さん興味がない様子で、たちまち解体が始まり、あっという間に肉

解体前に記念写真。手前は JHG の恵理子さん、続いて鹿の角に手をかけているのが私

になってしまった。

私の撃った410番の弾がスネを砕き、その鹿を動けなくしたということで、猟果もあって納得済み。だが撃った私はすっきりしない。他に可能性のあることを考える。

「この鹿、どこかですっ転んで、自分で骨を折ったんじゃない、この雪だから。俺もすっ転んだしね」

すると、それに続けて竜二さんが言った。

「あれは録画できてるかもしれませんよ」

さて、それはそうと桐生さんの話だと、鹿も沢の岩場で転べばこんなふうに骨折することもあるという。それとこうも言っていた。

「よっぽど犬が近くない限り、人の通る道や明るいところに出る前に、一度止まって様子をうかがうもんだな」

たぶんこの鹿はそれで立ち止まったのだ。これで、どこに陣取るか、その時どうするか、また一つ考える要素が増えた。


私にとって狩猟は、鹿であれ山鳥であれ、その野生動物の構造や習性を知り、その上手を行こうと工夫するところに面白さがある。「銃を持っているのだから相手より有利にきまっている」と思われる人も多いかもしれないが、それはその相手が同質の人間である場合の話であって、森林の中で生きるために感覚を研ぎ澄ました野生動物が相手では、人間の感覚は全く鈍感過ぎて、道具と知恵を抜きにしてはとても太刀打ちできない。

あとは、共存の道として必要性が高いかどうかとか、命の重さをどう考えるかとか、法律で示された表面的なルールより難しいことを考え、自分の受け入れられる狩猟をしないといけない。

4　山鳥猟をどうするか

２０１８年1月31日。今朝はカラッと晴れて寒かった。昨日は雪。自宅付近ではパラついた程度だったが、西に見える山には終日雪雲がかかっていた。今日あそこに入ろうと思ったらスタッドレスタイヤが必要だろう。そして予報では明日また雪。これも山鳥の魔力だろうか。今朝は、行けるところまで行ってみようかと、散々迷ってあきらめた。

行けば何か得られただろうか。たぶん得られた。行けるところまで行って乗り物を降り、その周辺で山鳥にとって条件の良い場所を探し、そこで足跡を確認するのだ。発見できないにしても、「いない」というのもまた情報である。

だがそうやって、山鳥の生態を、銃を持っている自分が本気で調べるようになることが良いことなのだろうかとも思う。自分の目的のためには良い。そしてこのように知りえたことを活字にする。そうしたことは、山鳥にとっても、我が国にとっても、有難いことにはならないような気がする。山の向こう側の静岡県では、『静岡県版 鳥類レッドリスト２０１７』において、山鳥は「準絶滅危惧（ＮＴ）」に指定されているのである。[※1]

山鳥は目撃情報も提出することになっている。[※2]キジはこの付近で放鳥もされているし、住宅地周辺の農地や学校の周りでも見かける。だが、山鳥は別格である。近年になって狩猟を始めた神奈川県の狩猟者の中で、山鳥を見たという人は、どれくらいいるのだろうか。「偶然出会って獲れちゃった」というのはまあいいとして、あまり深みにはまって、そのために天気にまで一喜一憂するのはどうかという気がしてきた。

もともと「狩猟をやりたい」というより「駆除することが社会貢献になるなら」ということで取った狩猟免許なのだ。鹿の捕食による下層植生の消失のため、山鳥の生息地も減少したと言われている。

「山鳥を探し回るのはやめて、鹿を獲ろう」

落ち着いて考えると、そういう気にもなってくる。

それに、山鳥に夢中になると、実は他に何も獲れないのである。

山鳥のいる山奥には、狩猟鳥は意外と少ないし、山鳩（キジバトのことだが、ここでは「山鳩」と書こう）やヒヨドリがいることはいるが、そいつらにいちいちぶっ放していたら、山鳥が姿を見せるはずがない。それでいつだって忍び足だ。山鳩がいてもヒヨドリがいても、見て見ぬふりである。結局、山鳥が獲れなかったということは、何も獲れなかったということになってしまうのだ。

さて、こんな現実をどう考えるか？

「実のところ、山鳥はそうやって猟師の気を引くことで、山で暮らす鳥や他の小動物たちを守っているのである」

もしそんな言い伝えがあるとしたら、私には、「そんなの迷信だ」と一言のもとに否定することは、もはやできそうにない。冷静に振り返れば、でき過ぎた話ばかりではないか……。

夕食のおかずにしようというなら、今日のような天気の良い日に空気銃を持って山際の農地へ行き、山鳩やヒヨドリの止まり木を見つけて、その近くから狙い撃ちすれば、必要なだけ獲れる。意図せずして、そこにヒョコヒョコとキジが歩いて現れることもあるだろう。キジはもちろんだが、山鳩だってヒヨドリだって美味しいのだ。

「だから、農地にたくさん現れる動物を獲って食べなさいよ」

そう言われているような気がしてくる。

そして最後には、

「山鳥には、『山奥に住む伝説の鳥』のままでいてもらおう」

自分の中でこんなふうに考えるに至る。

こうやって人を惑わすのも山鳥の魔力だろうか？

※1 『静岡県版 鳥類レッドリスト 2020』においても「準絶滅危惧（NT）」。環境省の『レッドブック2020』には山鳥の亜種であるアカヤマドリとコシジロヤマドリが準絶滅危惧（NT）に指定されているが、これらは九州地方に分布しており、神奈川県下にはいない。
神奈川県においては、神奈川県立生命の星・地球博物館による『神奈川県レッドデータ生物調査報告書2006』が公表されていて、その当時「ヤマドリ」として「絶滅危惧Ⅱ類」に指定されている。
※2 2020年度は、目撃情報の報告は求められていない。捕獲数のみ報告。

5 トロフィーハンターの記事

最近になって、仕留めた獲物の身体の一部（頭、角、皮）などを記念品として持ち帰る「トロフィーハンター」の記事を時々目にするようになったのだが、今朝の記事は、クロアチア出身の75歳のトロフィーハンターが南アフリカでのハンティング中、流れ弾に当たって亡くなったというもの。

南アフリカでは、広大な私有地を囲ってライオンなどを繁殖させ、飼育する人がいて、料金を払えばそれらを狩ることができる。我が国においても「猟区」という、これと似た狩猟手段がある。

さて、彼のオフィスは鹿や熊などのコレクションで溢れているが、ライオンだけがない。そこでライオンを仕留めてコレクションを完成させるために南アフリカに出向き、そこで事故にあったらしい。それも、すでに一頭を仕留めているのに、さらに「もう一頭を」と二頭目を追っているときのことだと聞くと、この筋書きはなかなか完成度が高い。気の毒な話ではあるのだが、どうしても日本昔話の「おむすびころりん」[※1]に出てくる欲張り爺さんや、イソップ寓話の「よくばりの犬」[※2]に出てくる犬を思い出してしまう。

この事件、山鳥が刺客を差し向けたとまでは思わないが、こんなトロフィーハンターの話題を目にすると、さすがに他の生物の命を奪う合理性については再考させられる。

私は山鳥猟に何を求めているのだろう?

鳥獣害のために獲らなければいけないなら仕方がない。天然生薬のように希少で何物にも代えられないというなら獲る理由としてはわかる。だが、私の場合には山鳥の肉がなくてもニワトリの肉で我慢できるし、剥製を作って飾りたいというわけでもない。だから使い道が決まっていて獲りたいというのではなく、獲りたい理由は「獲りたいから」なのだ。子どもがアマガエルやトカゲを、最初はどうするわけでもなく捕まえることに夢中になり、やがて何匹捕まえたか数え始め、最後はプラスチック製の飼育ケースの底が見えないほどになり……あれと同じだ。

ここに一つの後ろめたさがある。トロフィーハンターは記念品をゲットするという代えられない目的があるだけに、見方によってはまだいいのではないか？

そしてもう一つの後ろめたさは、希少ゆえに捕獲し過ぎると居なくなる恐れがあるということだ。たぶん獲りたくなる理由は、獲ることが難しいからだ。希少だということがそれに輪をかけている。ここが厄介なのである。

法的に禁止されれば話は簡単なのに、なまじ1日当たりの捕獲制限でしかないので困る。法的に許されている範囲でならいくら獲っても良いと主張することはできなくもないが、自分の中では、そういうふうには割り切れないでいる。

もし獲るなら、どう獲ったら自分に納得できるのか？

いろいろ考えた昨日の今日である。今日のトロフィーハンターの記事は、山鳥の警告ではないかとも思えてくる。

でも、だからと言ってこのまま忘れることなんて……。

そうして叶わぬ恋と諦めた女性のことを思い出すのだった。

※1「おむすびころりん」：お宝目当てでねずみの穴に入り込んだ欲張り爺さんは、ねずみが「どちらかを」と差し出した大・小のつづらを両方奪おうとして、猫の鳴き真似をする。それによってねずみの逆襲にあうとか、穴から出られなくなるなどの、いくつかの結末がある。

※2「よくばりの犬」：犬が食べ物をくわえて橋を渡っていると、橋の下で見知らぬ犬もまた食べ物をくわえてこちらを見ている。犬はその食べ物を奪うために吠えたが、くわえていた肉が水面に落ちて流されてしまった。もう一匹の犬というのは、水面に映った自分自身の姿だったという話。

6　雪の中での事件

難しいことは猟期が終わってから考えるとして、地図を基に開発した新ルートを通って、例の沢まで様子を探りに行ってきた。季節は2月の半ば。岩場や土手は雪で覆われ、見渡せば鹿が沢に水を飲みに来ている様子を見てとれる。しかし、山鳥の足跡を見つけることはできなかった。

ところで、その沢の近くの雪が積もった林道に、哺乳類の毛が散乱していた。人が歩いた足跡に落ちている毛の塊が、その大きさと色からニホンリスの尻尾の先に見える。落ちている毛を集めてもニホンリス1匹分という感じ。だが、ニホンリスは、こんなふうにきれいに毛だけ抜けるのだろうか？

そして、そこにはノウサギのもと思われる直径1・5㎝ほどの円い黄土色の糞と、それより少し大きい黒いどんぐり型の糞が2つ。キツネかテンあたりだろうか？

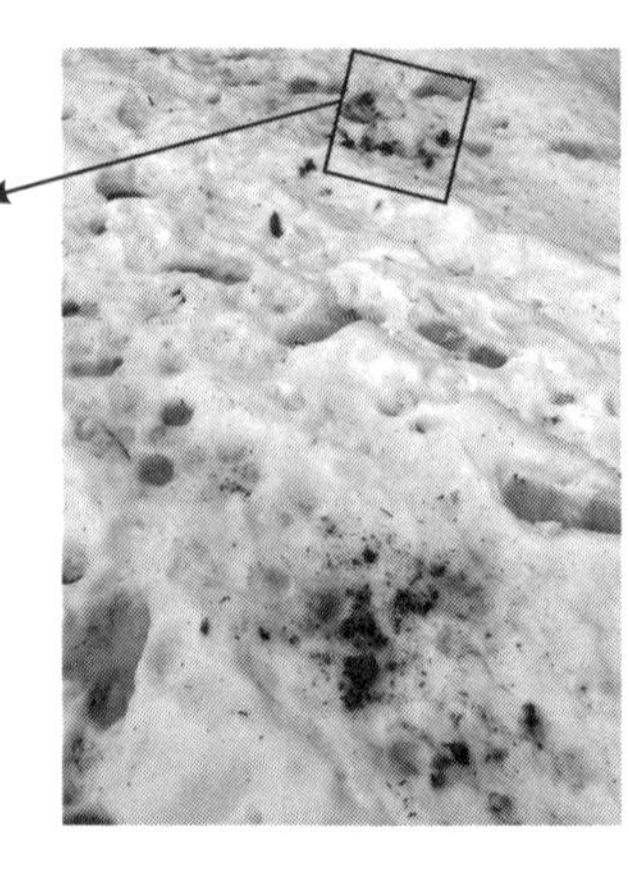

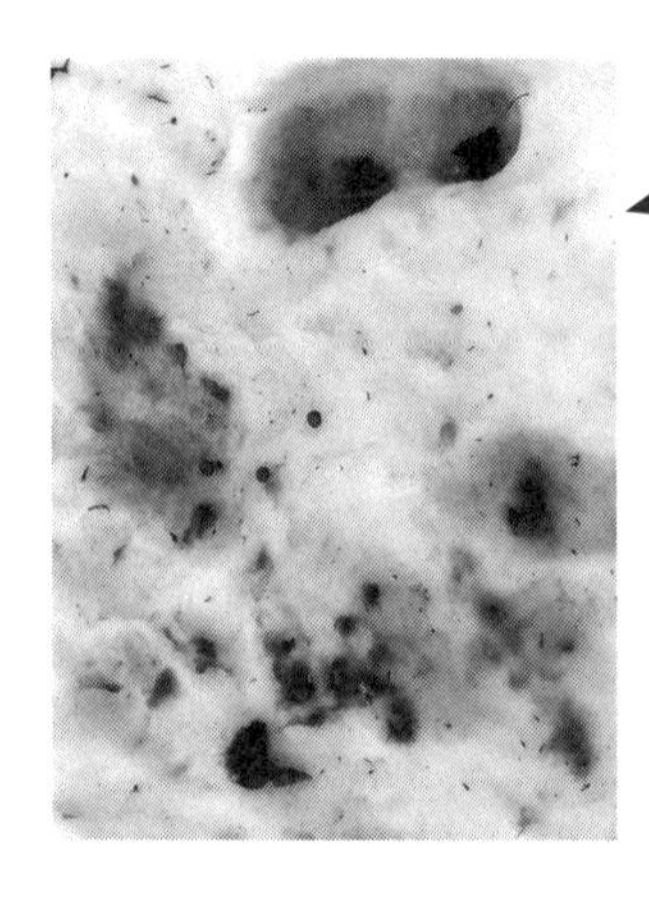

最初に目についたその場所から3ｍほど離れた場所に、同様の毛が少しと、雪に赤味が観察された。これは血痕だろうか、赤味はここにしかない。そして、そこにも糞。これはウサギの糞と同様の繊維性の黄土色だがボテッと大きく、すでに崩れている。なんだろう、猪にしてはパサパサし過ぎである。

一か所に4種類の動物の痕跡である。それとも散乱している毛はすべてノウサギのものだろうか？ノウサギの毛は抜けやすい。そうであっても3種類。ある瞬間に全部がここにいたとしたらどんな事件が考えられるだろう。

それとも、ニホンリスをキツネかテンが襲い、その後に糞をした。ノウサギともう1匹は、別の時間にそれぞれここを通り、糞をして行ったとか。それはこの事件の前か後か？　時間差があるにしても、この密度……理由がいると思うのだ。例えば、「動物にはなんとなくウンコをしたくなる場所があって、ここを通る動物はみんなウンコをしていく」とか、「クサイ！　他の誰かのウンコのにおいをこのままにはできないから、俺もウンコをしておこう」とか。考えると眠れなくなりそうだ。

7　猟欲と食欲

２０１８年2月15日。朝の短い時間、瀬戸先生の誘いで山へ出かけた。今日は、鹿を除いては今猟期の最終日。昨夜の強風もやんで、気温も高くなっている。暖かい。雪はまだ残っているが、林道の斜面に雪解け水が流れ出している。いっきに雪が消えそうだ。

さて、結論から言えば獲物になるような動物とは出会わなかったのだが、一昨日の雪上の痕跡を瀬戸先生に検証してもらった。その結果はこうだ。

「ウサギがイタチか何かに襲われて、胃袋の中身が出てしまってこのようなウンチのような塊がここに残ったのでしょう。ウサギの毛にしては量的に少ないので、近くのどこかへ運ばれて食べられたのでしょうね」

ということで、あの事件に直接関与していたのは二種類らしい。雪のお陰で野生動物に

よる猟の現場を観ることができたわけだ。

日本には、例えば鹿を襲うような大型の肉食動物がいないので、猟をしているのはつい我々人間だけのような気になってしまうが、小型の肉食動物はいて、獲物がそこにいるのであれば彼らの間でも猟は行われている。考えてみれば当たり前のことだ。

狩猟者の間で「猟欲」という言葉が使われる。「獲物を手に入れたい、猟をしたいと思う欲望や本能のこと」と説明されているが、野生動物の場合には、それは「食欲」と一体になっていて区別などする意味はない。だが、我々の文化では「猟欲」と「食欲」は完全に分離してしまっている。

人間は肉を食べることも獲ることの目的にし

てきたが、毛皮、脂（油）、角、牙、薬用部位などを利用してきた。そしてそれらを売るために、場合によってはその部位を取るためだけに殺してきた。これらは利用したいから捕獲する例で、「食欲」に置き換わる「欲」が人間には色々あるのだ。

一方、18世紀末の英国で、青鳩（ブルーロックピジョン）を人為的に放って撃ち落とす「ブルーピジョン・シューティング」が始まった。それがアメリカでスポーツとして広まり、競技会のたびに大量のハトが死んだ。クレー射撃のルーツなのだが、射手は獲った青鳩をどうするかではなくて「逃げる獲物を逃がさないこと」に懸けている。

「猟欲」の本質は、実はこの部分なのではないだろうかと思う。鳩にしろ、山鳥にしろ、野ウサギにしろ、もしあっちから近寄って来たら、可愛くなってしまってとても撃てやしない。

第4章　「半矢」の後味

1　半矢の確率

2018年5月20日、この日は獣類駆除だった。出かけるまで、いつもの410番口径ウィンチェスターレバーアクションを持って行こうか、12番口径のペラッツィ上下二連を持って行こうか迷った。これまで獣駆除に使えるスラッグ弾は410番しか持っていなかったのだが、猟期中に12番のスラッグ弾を買っておいたからだ。だがやはり、彫刻入りの高級射撃銃を山に持って行くのは気が進まない。それに、いつも「威力不足だ」と言われる410番で、なんとか獲物をゴロンと転がしてみたい。獲物に命中していながら、いつも追いかけているのだ。弾もまだたくさんある。そういう事情・思いから、迷いながら410番のウィンチェスターレバーアクションを選んだ。選んでしまった。

広域農道から林の中にのびている舗装されていない草の生えた道の先に、黒い小屋が見える。今日の持ち場だ。私はその林への入り口にバイクを置き、広域農道を背に銃の覆いを取って弾を込めた。弾を込める前に獲物と鉢合わせしてチャンスを逸したこともあるため、乗り物は少し離れたところで降り、林に入ったらすぐに弾を込めるようにしている。

道は小屋まで行って終わりではなく、小屋の手前を右に曲がり小屋に沿ってその先へのびている。犬が放されるまではまだ時間があるから、とりあえず小屋を中心に周囲の足跡を探す。獲物がどこからやって来るのかを予想できないと、この小屋の周りのどこに立ち、どっちを向いて陣取るかが決められない。

地図で見ると、この小屋のある場所は、広域農道の大きなカーブに袋状に包まれている。小屋はその袋の底にあるのである。

農道を背にして、その小屋からゆるい斜面を見上げると、周囲およそ50mにわたって林がきちんと管理されていて見通しが良い。獲物がこの斜面の真ん中をまっすぐ下って来てくれるのであれば、この小屋の周りでうまく隠れることさえできれば楽に狙い撃ちすることができる。

だが、小屋の周りには、相手に気づかれにくい隠れ場所が意外とない。小屋の背後に回ると、小屋自体が大きな死角を生む。小屋の屋根にでも上れれば最高なのかもしれないが……。

それに弾がこの山の斜面に安全に着弾することを考えなければいけない。この小屋は三方向を広域農道に囲まれているから、小屋のところにいて回り込まれると木の間に青い空が見えるし、撃てば弾は広域農道を飛び超えて行ってしまう。

　見通しのよい林の中を歩き回りながら斜面を上り詰めた。その先の林には下草も雑木も好きなように生えていて、ワサついている。林の境界線のところ、小屋から見て右半分に、その先のワサついた林からこちらに抜けてくる、いく筋かの獣道を認めた。そこには小屋からは見えない窪みがあって、小屋のわきの道はこの窪みにつながっているようだ。

「もうすぐ犬を放します」

　イヤホンから聞こえてきた。どこに陣取ろうか？　鹿はこの窪みを来るか、稜線近くをこの窪みの縁に沿って来るかだろう。私は稜線から数メートル離れた窪みの縁の木の後ろに床几を置いて腰かけた。

　犬を放したと無線が入った。これで今日はここから動かないこととなった。それで落ち着いて考えてみた。この場所が一番よかっただろうか？

　鹿や猪が広域農道を渡れるところは、意外と限られている。農道との間にはほとんどの場所で大きな段差があるし、農道沿いの崖や橋のあるところにはガードレールがあるからだ。人間はそういう不連続なところを、両手両足を使って平気で下りたり跨いだりするのだが、鹿も猪も連続した斜面に道をつくる。歩き回ってわかったことだが、この周辺で広域農道に抜けられるところは、広域農道から小屋に向かう道だけなのである。つまり、鹿であれ猪であれ、このあたりを下って来た獲物は、あの小屋の脇を通るのだ。あの小屋から広域農道までの間に、待ち伏せするのにもっと適したところがあったのではなかろうか。猟友会の小澤副支部長が作った地図に描かれたあの小屋が、どれほどの意味を持って描かれたものなのか、実はただの目印ということのみならず、もっと重要な場所のように思えてきたのだった。

1時間何もなく過ぎた。ときどき無線のイヤホンから入ってくる勢子の言葉が、一人取り残されているのではないことを信じさせてくれる。

銃を木に立て掛けて静かにスマートフォンをポケットから取り出した。LINEを確認すると、寮に入っている娘から朝送ったメッセージの返事が来ていた。

「うん、頑張る」

ここのところ寮の役職にかかわって苦労が多いらしい。

「頑張っているなかでできてくる人脈を大事にしてね。他人の欠点は自分が補うつもりでいれば責めずに済むし、些細なことでも『ありがとう』って言っていれば、やがて追い風が吹いてくるから」

そう打ち込んで送信したとき、犬の吠える音が遠くで聞こえた。空耳かと思えるほど短時間かすかにだったが、このタイミングでボヤっとしてはいけないのだ。本当に間近でワンワン吠えているのが聞こえてきたときに身構えても、気の緩んだ人間のことなど鹿はとっくに気づいていて、既に迂回されている。そういう過去のことを振り返って木に立てかけてあった銃に手を伸ばしてつかんだとき、空気の揺れというか、前方から何かが迫って来る気配を感じた。

どこから来る？ と思った同時に、少し大きめの鹿が左の稜線近くの獣道を通って奥の林から飛び出してきた。

私は慌てずにウィンチェスターの撃鉄を起こしながら肩付けしたが、鹿は私に真横から狙われる前に気づいて反転し始めた。距離はわずか5ｍほどである。頭を背の高さに下ろした状態で少し長い首からこっち向きに反転していく様子は妙に動きが複雑で、なんとなく「完全に向きが変わってから前足の付け根を狙えばいいや」と思ってしまったのだった。

しかし狙いどころの胸部が完全に静止していたのは首が反転していた時で、それ以降はどんどん加速していき、斜め後ろから肩甲骨の下あたりを狙って撃ったつもりだったが、思ったより動きは速くなっていて、当たった自信がない。レバーを操作して次弾を送り込み、もう1発、もっと角度が小さくなった肩甲骨のあたりに向けて発射した。鹿を見て心臓を見ず……ここが反省のしどころか。

鹿が姿を見せてから姿を消すまでにかかった時間は3〜4秒。鹿はもと来た道を逃げて行った。すぐに無線で、農道に向かって下ってきた道を、また戻って逃げられたことを告げる。

半矢ということもありうるから、私はそれを追ってみる。そこへ犬の鈴の音が近づいて来る。犬は吠えていない。鹿は行き、犬が来た……どういうことか?

ちょうど鹿が姿を見せた林の境界辺りから、ポタッ、ポタッと短い間隔で血痕が一滴ずつ枯葉の上に垂れている。やって来た犬は千葉さんの愛犬「マル」だった。私の足元を通り過ぎて、鹿が反転した辺りまで行ってウロウロしている。

「そっちにはいないぞ、あっちだ」

マルは私の言葉には無関心で、自分の納得できるようにウロウロする範囲を広げながら、やがて戻る方向に足を延ばして行った。

「ごみ処理場の上の今井です。血痕があるので追いかけます。マルはいま私の周りをウロウロしてます」

私は血痕を確認しながら進んでいくと、マルは私から数十メートル離れた辺りから再び吠えはじめ、鈴の音とともに遠退き始めた。撃たれた鹿はその辺りで休んでいたのだ。

つまり犬は、戻って来た鹿がすぐ近くにいても、鹿のにおいはその先まで続いているか

真ん中左寄りにある黒い点が血痕

ら、見通しの悪い林の中では鹿が音を立てずにジッとしている限り、そのまま気づかずに進んでしまうらしい。手負いの鹿がそのまま死んでしまうと、発見できなくなってしまうこともあるということだ。だがこのとき鹿は再び立ち上がって逃げて行ってしまった。

取り残された私は血痕と足跡を頼りに進むのだが、すぐに血痕は発見しにくくなった。

それまでのポタッ、ポタッという感じの血痕が見当たらなくなり、数メートルくらいの間隔でまとまった量が地面や下草にこぼれているのが見つかる。どこに当たるとこうなるのか。それともここで足を止めて休んでいる間にポタポタと落ちた血なのだろうか。血痕を見つけるごとに地面に落ちている長い枝を拾ってそこに突き刺し、その枝を起点に次の血痕を探すのだが、草木の茂った林の中ではそれは全然目立たずに、結局その目印の枝を見失う。血痕を探すのにひどく苦労するようになった。私のような素人は、目立つ色のリボンでも用意して木の皮や枝に引っ掛けながら探した方が良いのかもしれないと思った。

そこへ勢子の千葉さんがやって来た。

赤い血痕は乾燥し始め、だんだん黒い点に変色していく。そうなるともう目印にはならない。私は結局そこから先の血痕を見つけることができなかった。

私のところには無線が届かなかったが、タツマはすでに解除されていると携帯電話で連絡が来た。私はその連絡を無線で流した。

それでも血痕を確認した千葉さんは、しばらくの間GPSを使ってマルの動きを追ったし、その経路から鹿がだいぶ弱っていると判断していたが、マルは沢沿いで鹿を見失ったらしく、吠えるのを止めて飼い主のもとに戻って行った。鹿を回収することはできなかった。

犬の力を借りて、においでも音でもダメとなると……赤外線カメラか。いいかもしれない。スマートフォンに取り付けて使うものがある。それがあればヒヨドリの回収率も上がりそうだ。

解体場に行くと、1頭の小さい雄鹿が沢に浸かっていた。もう1頭回収できたらよかったのだが。追いかけてくれたマルをねぎらった。皆さんには頭を下げるだけで目を合わせられない。この半矢率の高さ、さすがに気が滅入る。これだけ半矢が多いと、狩猟免許取りたての頃、当たれば倒れるものと思い、撃った後に追いかけなかった鹿たちも、実は全部命中していたのではないかとまで思えてくる。

家に帰ると妻からも言われた。

「小澤さんから電話があったよ。今日も半矢で逃げられたそうじゃない。410番はやめてくれってみんなに言われているそうね。なんでそんなに頑固に410番にこだわるの？」

別に頑固でもこだわりでもない。銃をこれ以上増やしたくないというのがまずあって、できれば12番の高級射撃銃ペラッツィを山で傷ものにしたくないというのがあって、その上で、ここで410番のウィンチェスターをやめて他の20番なり12番なりの銃に替えるということになると、1発360円の高い弾が使い道なく残ってしまう。有料にて廃棄する

健康・実用

超人をつくるアスリート飯

全身の細胞が喜ぶ最強のスポーツコンディショニング

山田豊文 著
1500円+税　四六判並製
ISBN978-4-7634-1091-7

筒香嘉智氏、横峯さくら氏、工藤公康氏、小川直也氏、落合博満氏…みんなこれで強くなった!

一流アスリートが実践する食生活と生活習慣の"究極のメソッド"

トランス脂肪酸から子どもを守る

脳を壊す「油」、育てる「油」

山田豊文 著
1500円+税　四六判並製
ISBN978-4-7634-1087-0

ベビーフードも危ない!
コンビニスイーツ・給食が子どもたちの「脳」や「心」を蝕む!

驚くほど身近な「危ない油」トランス脂肪酸のすべてがわかる本

治りたければ、3時間湯ぶねにつかりなさい!

小川秀夫 著　1500円+税
四六判並製 978-4-7634-1077-1

奇跡の温泉免疫療法

●医者に見放された患者10万人を笑顔にした湯治の力。医者がさじをなげた難病に、なぜ奇跡が起きるのか!?

教育

いじめの正体

現場から提起する真のいじめ対策

和田慎市 著
1500円+税　四六判並製
ISBN978-4-7634-1081-8

「いじめは絶対になくならない」——ここから出発する以外に、いじめ克服の道はない。教師として、被害者家族として問う、本気でいじめを克服するための"真のいじめ対策"。

ほんとうの教育をとりもどす

生きる力をはぐくむ授業への挑戦

前屋 毅 著
1500円+税　四六判並製
ISBN978-4-7634-1072-6

誤解され、骨抜きにされた「ゆとり教育」。置き去りにされた本質を求めて模索する、教師たちの奮闘。本当の意味で子どもを成長させる授業を追い求める、教師の実践現場に迫る。

ノンフィクション

生保レディのリアル

時田優子 著　1500円+税
四六判並製 978-4-7634-1092-4

私の「生命保険募集人」体験記

●謎に包まれた職業、生保レディになってみた!　メディア業界から転身、異色の生保レディが見た「ホケンの世界」。

新版「浪士」石油を掘る

真島節朗 著　1700円+税
四六判並製 978-4-7634-1086-3

石坂周造をめぐる異色の維新史

●日本の石油産業の祖。おおほら吹きか、一代の怪傑か。日本の産業化の原点を担ったある男の物語。

狩猟日誌

今井雄一郎 著　1500円+税
四六判並製 978-4-7634-1078-8

元射撃選手がはじめて鹿を仕留めるまで

●狩猟の世界で遭遇する新たな体験に魅せられた元クレー射撃選手の中年ハンター、3年間の記録。

拳銃伝説

大橋義輝 著　1500円+税
四六判並製 978-4-7634-1068-9

昭和史を撃ち抜いた一丁のモーゼルを追って

●首相・濱口雄幸を狙撃したモーゼルは、川島芳子の所有物だった。一丁の拳銃がたぐりよせる歴史の糸。

船瀬俊介

世界に広がる「波動医学」

近未来医療の最前線

船瀬俊介 著
2000円+税　四六判上製
ISBN978-4-7634-1088-7

生命の福音「波動医学」はここまで来た!

「すべては“波動”であり、その“影響”である」——生命の根本原理から病気を治す。待望の第二弾!

未来を救う「波動医学」

瞬時に診断・治療し、痛みも副作用もない

船瀬俊介 著
2000円+税　四六判上製
ISBN978-4-7634-1076-4

「波動医学」とは何か?

「生命」は波動エネルギーだった!
“命の波”を正すと、ガンも消える…。
近未来医学の二本柱は…「断食」「波動」

フライドチキンの呪い

チキン・から揚げで10年早死に

船瀬俊介 著
1500円+税　四六判並製
ISBN978-4-7634-1090-0

「鶏肉はヘルシー」は幻想だった! 揚げ物大好き家族におそいかかる“呪い”

“食の常識”はウソだらけ! あなたの人生を変える「自然な食事」とは——

肉好きは8倍心臓マヒで死ぬ

これが決定的証拠です

船瀬俊介 著
1500円+税　四六判並製
ISBN978-4-7634-1085-6

「肉食」vs「菜食」、最終決着 科学的エビデンス 82 連発! 「肉製品は最強の発ガン物質」（WHO 世界保健機関、勧告）肉好きのあなた、“お肉 DAY”は週1くらいにしませんか?

あぶない抗ガン剤

船瀬俊介 著　2000円+税
四六判上製 978-4-7634-1083

やはり、抗ガン剤で殺される

●先進国で、なぜ日本だけ「ガン死」が急増しているのか? 知ってください。あなたと、愛するひとのために。

医療大崩壊

船瀬俊介 著　1500円+税
四六判並製 978-4-7634-1071

もう、クスリはのめない　医者にはいけない

●病院とクスリから「身を守る」ために。メディアも続々と医療批判……やっと気づき始めた!

買うな!使うな! 身近に潜むアブナイもの PART②

船瀬俊介 著　1500円+税
四六判並製 978-4-7634-1070

●大好評第2弾!! 知らないことは、罪です。ペットボトル茶は飲むな!「抗うつ剤」が自殺を増やす!

買うな!使うな! 身近に潜むアブナイもの PART①

船瀬俊介 著　1500円+税
四六判並製 978-4-7634-1067

●テレビは言わない!! 新聞は書けない!! 身のまわりは猛毒だらけ。まさかこんなモノが!?

維新の悪人たち

船瀬俊介 著　2000円+税
四六判上製 978-4-7634-1079

「明治維新」は「フリーメイソン革命」だ!

●国際秘密結社フリーメイソンが仕組んだ「明治維新」　日本近代史の2大スキャンダルの闇に迫る!

心にのこる、書きかた、伝えかた

船瀬俊介 著　1500円+税
四六判並製 978-4-7634-1084

「4日で1冊本を書く」船瀬俊介の文章術・編集術

●心に伝わる文章は、こうして書け! はじめて明かす、愛を込めた「文章」「編集」の極意。

愛読者カード

このたびは小社の本をお買い上げ頂き、ありがとうございます。今後の企画の参考とさせて頂きますのでお手数ですが、ご記入の上お送り下さい。

書 名

本書についてのご感想をお聞かせ下さい。また、今後の出版物についてのご意見などを、お寄せ下さい。

◎購読注文書◎

ご注文日　　年　　月　　日

書　名	冊　数

代金は本の発送の際、振替用紙を同封いたしますのでそちらにてお支払い下さい。
なおご注文は FAX 03-3239-8272
また、共栄書房オンラインショップ https://kyoeishobo.thebase.in/
でも受け付けております。（送料無料）

郵便はがき

料金受取人払郵便

神田局承認

1108

差出有効期間
2022年9月30
日まで

101-8791

507

東京都千代田区西神田
2-5-11出版輸送ビル2F
共栄書房　行

ふりがな
お名前

お電話

ご住所（〒　　　　　　　）
（送り先）

◎新しい読者をご紹介ください。

お名前

お電話

ご住所（〒　　　　　　　）

しかなくなるという、面倒な事情によるジレンマに苦しんでいたのだ。

「だって弾がまだあるんだもん。どれくらい使うか見当がつかずに瀬戸先生に訊いて買ったのが、使い切れずにまだ残っていてさ」

「それなら私が捨ててあげるよ。ハハ、ダメか。山で撃って来ちゃいなよ」

しかたがない、当分はペラッツィを持って行くか。それを転機に百発百中、獲物は毎回回収——そんなふうになったら、それも嫌だな。「ほら、言ったとおりじゃないか！」だの、なんだのかんだのと毎回言われる羽目になるのだから。

2　銃とのめぐり逢い

2018年10月20日、トラップ銃を持って鳥類駆除に参加した。弾は7・5号28g。カラスに3発撃って1羽を捕獲した。

駆除終了のあいさつが済んでから、駆除部長の青木さんが私のところへやって来て、こう言った。

「いまそこで河上さんが、12番の自動銃を手放すって言ってるけど、今井さん、どうよ」

四つ足を撃つのに410番は役に立たないと、最初に忠告してきたのが青木さんである。私は410番のウィンチェスターを使い続けながら、「当たり所だ」と反論していたのだが、実際には何頭も半矢で逃げられていた。私は、一も二もなくその話に乗った。

河上さんは、現在では地元猟友会の長老で、御年85歳。来年4月に、その銃の許可の期限が切れるので、それを機会に手放すことに決めたそうだ。もともと小柄な方。年齢も年齢なので、その後は口径の少し小さい20番の自動銃を使うつもりだという。口径が小さい分、反動が弱いからだ。

「なぁに、銃なんて何を使ったっておんなじだよぉ」

ひょうひょうと言っている。

河上さんは、私が猟友会に入って駆除に出るようになったときに、四つ足のときにも、鳥のときにも案内してくださった。今回手放す銃は、そのときにも使っていたベネリー・ラファエロ123というイタリアの銃だった。私にとって河上さんは、特別な猟師さんの一人として記憶されている。銃は何であれ、河上さんがあの銃を手放すなら、それを使いたいという思いが瞬時に起り、大きく膨らんだ。河上さんに申し入れをして話は決まった。

さて、問題はいつ譲り受けるかなのだ。河上さんの銃の許可は4月に失効する。私は5月にすべての銃が更新を迎えるのである。河上さんはすぐにでも構わないと言っているが、私はいま許可の申請をすると、許可の期間が半年短くなる。銃の許可は、許可を受けてから3度目の誕生日までだからである。それに医師の診断書を用意しなければならない。5月の更新の際にも、また新しく診断書が必要になる。そして他の銃と許可の期限が1年ズレてしまう。

それで、できれば私の更新の際にまとめて許可申請したい。そうすれば全部の銃が丸々3年間の許可期間になる。次回の更新もまとめてできるし、医師の診断書も一枚で済む。

そんなことが可能か？　可能なのである。失効後も50日間は、猶予期間として銃を保持し続けることができることになっているのである。その間に銃を引き取ればＯＫ。これはラッキーだ。

ただこうすることによって、今後も更新をまとめてできる半面、この期限を忘れて失効したら一大事である。万が一失効してしまったら、初心者と同じ手続きを踏み直さなければならない。保険だと思って分散しておけば、失効した銃だけ許可を取り直せばよい。これも考え方である。

3　生きている山鳥は写真に撮れない

10月の日曜日、今日は気持ちの良い秋晴れだ。妻は午前中からどこかへ行きたそうなそぶり。このままにすると、時間とともに不機嫌になっていきそうな予感がして、14時過ぎに「ドライブに行こうか？」と声をかけた。一緒に車に乗れば、運転するのは私と決まっている。私のドライブは、猟期前の山の中がコースであるが、行き先は告げない。予感というか、期待というか、なんとなく何かと出会いそうな気がしているのだ。

妻と四男がクルマに乗り込んだ。南向きの駐車場を、妻は左にハンドルを切って出かけると思っていたらしいが、私は右にハンドルを切って、前方にそびえる山に向かう。人が誰もいない山道に入り込んで行くと、

「私の『ドライブ』っていうのは、こういうのと違うのよね」

妻が怖い声で呟いた。

「これが僕のドライブなの。いや、今日は何かと出会えるような気がしてさ。まあ、前をよく見ていてごらん」

妻の顔は見ないでそう答え、ゆっくり進んでいった。
ゆっくり進む車の前を二度、オスの山鳥が横切って行った。いずれも長い尾を備えた立派なやつで、近づくにつれ右の谷の方へと歩いていって、立ち並ぶ木々の陰に隠れたと思うとそのまま消えてしまう。
撃てないのだから、この時とばかりにスマートフォンで写真を撮ろうとしたが、どちらもピンボケに。そういえば、高校時代に使った『小倉百人一首』も写真ではなくて挿絵だった。生きている山鳥は写真に撮ろうと思っても撮れないので挿絵だったのだろうか？　山鳥は歳をとって尾の節が13節以上になると人をたぶらかすという。これも山鳥の魔力なのかもしれない。
その後、小さな雄鹿も現れた。鹿は斜面を下りてきて、林道を渡った。右後ろから近付いていたよう

前頁の写真、実はここに山鳥がいるのだ

に見えた大きな四角い物体が気になって振り返った。すでに停止している私たちの乗った車をじっと見ている。車の中の様子はわからないものである。写真を撮る。鹿はちゃんと写る。四男はその姿を見て「かわいいなあ」。ブレーキを緩めてクルマを動かし始めた途端に、鹿はあっちを向いて走り出した。車の中では、

「あーあ、逃げちゃったじゃん。お父さんのせいだ」

そう四男からなじられていたのだった。

とにかく、勘が当たってか偶然か、宣言どおりに出た。

「ほらね、出たでしょ。どうでしたか、今日のドライブは?」

少し得意げに妻に訊く。妻は、山鳥を見るのも野生の鹿を見るのも初めてだった。「よかった」と大

満足の様子。四男は「鹿飼いたい」なんて言い出した。

　それにしても山鳥が2羽！　2羽である。時間が経つにつれ、脳裏にあのときの映像が浮かんでくる。奴ら、猟期前でまだ鉄砲で撃たれないことを知っているのだ。死に物狂いで慌てて逃げるならこっちも諦めがつくが、手も足も出ないような瞬間を狙ってフラッと現れては、あの長い尾を見せつけながらフワッと逃げてしまう。写真も撮れない。掌につかもうとしてスルリと擦り抜けられたような、触れた感触だけが残るこの悔しさ……。

（クソッ、こんどこそは必ず捕まえてやる！）

　この思いがまた膨らんだ。忘れようかとも思ったが、やっぱりダメ。まるで恋だ。

　それに居ないなんてことはない、現にこれだけ目の前に現れているのである。法律では1日にキジと合わせて2羽までだが、遠慮して1シーズンに2羽ならどうだ！　それで勝負にケリをつけよう。

4　運の悪い最初の鳥

出かけるときに高2の息子が布団の中に潜っていた。本来ならとっくに登校している時間だった。声をかけはしたが、今日も休むのだろうか。4月に久里浜医療センターまで相談に行ったくらいなのだが、学校には行かずとも、夕方からアルバイトにはきちんと行っているし、仕事も丁寧にやっているらしいことを先生に話すと、

「昼夜逆転の傾向はあるものの、息子さんの場合にはそれほど心配する必要はないと思いますよ」

と言われたが、やはり生活は相変わらずで、学年後期が経過するにつれ、担任の先生に連絡するのも気が重くなるし、また先生から電話がかかってくる頻度も高くなる。親にしてみればストレスの種である。おそらく先生もそうに違いない。冬休みが待ち遠しい。

そんなわけで、猟期中の好きな山の中を歩きながらも、ちょっとイライラしていた。手

には410番口径ウィンチェスターレバーアクション。やや物騒な状況。その気を察してか、鳥も鳴かぬ。ところがそこに、左後方から右前方に向かって、空気の読めない特別なヒヨドリが1羽、低空で私の目の前をかすめて行った。運の悪い奴である。気が立っているだけに、獲物と認めて構えてしまえば引き金を引く指に躊躇はない。

「ズドン」

15mくらい先のアズマネザサの茂みに落ちてしまったのだが、そこではヒヨドリの色が意外と目立ってすぐに見つけることができた。

初めて410番で飛んでいる鳥を撃ち落とした。今日に限って言えばこのヒヨドリは生贄のようなもので、少し気の毒にも思いながら毛をむしり、これで帰ることに決める。昼食は塩を振ったヒヨドリのホイル焼き。

5　鳥の半矢

２０１８年の大晦日を前に、瀬戸先生とその歯科医師仲間の池浦先生、初めての鳥撃ちとなる２人の新人さん、それに私の５人で山鳥を探しに出かけた。鳥撃ちに大勢で出かけるのは気が進まないのだが、若手が一緒ということなので時間の調整をした。新人さんというのは、極真空手元全日本チャンピオンの北島さんと鉄板焼き屋の中村さんだ。北島さんとは面識がある。以前にもうちに寄ってくれて前著『狩猟日誌』を買ってくれた。瀬戸先生は中村さんにも薦めてくれて、それを差し出したら「あっ、これ持ってます」とのこと。ありがたい。

瀬戸先生はこの冬、知人を所縁のある山へ案内し、そこで期待どおりに山鳥が２羽飛び立ち、１羽を仕留めたそうだ。大したものである。先を越された。

一行は２台の軽トラックに分乗し、私は北島さんと相乗りして瀬戸先生の車のあとを追った。瀬戸先生の獲り漏らした残る１羽を目当てに集まったわけだが、山鳥の姿を見ることはできず、出てきた鳥を獲ることになった。おのずとヒヨドリとキジバトが狙い目になる。

「この鳴き声が……」とか「あの飛び方は……」とかレクチャーしたが、なかなか狙って撃つまでには至らないようだ。それはそうだろうと思う。引き金を引くまでには、色々考えるものなのだから。だが中村さんは撃った。そして逃げられた。その中村さんから、こんな質問が飛び出した。

「鳥って半矢で飛んで行くことがありますか?」

瀬戸先生は「鳥は、飛んで行ったのだったら半矢とは言わないだろ」とコメント。これは一瞬、真偽を考えた。撃ったカラスが進路を変えて飛び去り、その場所から羽がくるくると回りながら落ちてきたことがある。あれは「半矢」ではなくて「かすった」ということか。

私の方はキジバト1羽とヒヨドリ2羽を獲り、新人さんお二人にお土産として差し上げた。3発撃って3羽獲れたのをいいことに、「回収できそうなのだけ撃った」などと、余裕のありげなことを言えるときに言っておく。

6　鳥の半矢、再び

1月7日、今日は月曜日。朝起きると腿の筋肉痛がひどかった。筋肉痛なんてめずらしい。足にはまだまだ自信があるつもりだった。なぜだろう？　昨日、キウイ畑の中をしゃがんで歩いたからだろうか？　そんなふうに思いながら、朝の忙しさにそのことは忘れてしまった。

店のシャッターを開けると、店内の長椅子に四男が昨日使った上着が載っていた。コセンダングサの細長いひっつき虫がいっぱい付いている。腕の部分と胴の裾の部分は特にひどい。フードにも付いている。

表面がナイロンなどの化学繊維でできている服ならこうはならなかった。だが、どうしても動くたびに擦れる音がする。そのため我が家では、猟にその手の服は使用しない。その結果がこれである。妻にこれを取ってくれとは言えず、かと言って使っていた本人にも、あの茂みの中へ頼んで一緒に入ってもらった経緯があるので「自分で取れ」と言えず……。

そうだ、腰ほどの高さもある茶色くなったコセンダングサの茂みを、膝を上げて草をまたぎながら歩き回った。腿の筋肉痛はそのためかもしれない。

昨日は雪がときどきちらつく曇り空の下、空手の達人＝北島さんとミカン畑やキウイ畑の中で鳥撃ちをした。

暮れの日曜日に何も獲れなかった北島さんから、「意外と落ち込んでいます」とのメッセージとともに、こんどの日曜日に鳥撃ちに行こうとの誘いを受けた。その日曜日が昨日である。瀬戸先生は都合がつかないらしかった。あの日、北島さんはヒヨドリ2羽を持ち帰って、息子さんと食べたそうだ。それが好評だったようで、「息子も見てみたいと言ってくれたので」とも付記されていた。自分のしていることに子どもが関心を持ってくれるのは嬉しいものである。こう言われると、予定があってもなんとかしたくなる。それでうちの四男を誘って出かけることにしたのだった。


農地だから撃つ方向と角度に気を付けるため、畑の中に屏風のように立ち並んでいる背の高い杉の木を目印に、上下左右の範囲を決めて撃つことにした。ちょうどそれらの杉の木が止まり木になっていて、ヒヨドリに交じってときどきキジバトもそこで羽を休めることがある。それを待ち構えて狙い撃てば、安全だし確実でもある。見える範囲には農作業をしている人はいなかった。

ところが、北島さんが1発目を撃った瞬間、「おーい、撃つなー！」と、私の耳には人の声が聞こえた。回収に向かった北島さん、「これはヒヨドリですよね」と獲物をつまんで私のところへ来た。ヒヨドリだった。北島さんは初めての獲物に喜んだ。「お父さん獲ったぞ」と、お子さんに声をかけ、ヒヨドリの羽毛の抜き方を教えた。

ヒヨドリは皮を残しておきたいのだが、無造作に羽毛をつまんで引っ張ると弾の当たったところから裂けて、皮ごとはがれてしまう。そこで私は、片方の手の親指と人差し指で皮を抑え、その指と指の間の狭い範囲の羽毛を引き抜くようにしている。私はそれを息子さんに教えたつもりだったのだが、できあがりは赤い筋肉ムキムキの姿だった。まあ、小学校低学年の子どもだから、最初は仕方がない。

私はひとまず、先ほど声のした方へ向かった。農家の方に目的と方法を説明し、猟を続けられるようお願いすると、安心されて快諾を得ることができた。

さて、何発か狙い撃っては回収に向かうのだが、この作戦、実は思うような結果につながらなかった。回収率が悪いのだ。杉の木の東側はキウイ棚になっていて、周辺の道路や林の位置関係からこのキウイ棚の方から撃っている。下草や落ち葉に紛れるのもそうなのだが、枯れ葉が積もった棚の上に獲物が落ちてしまい、そこから下に落ちてこないのだ。こうなると回収のしようがない。いずれはドローンでそれをやるか……。

私の心の中では、北島さんにはヒヨドリばかりでなく、キジバトも持って帰ってもらいたいと思っていた。その思いが通じてか、私の前の杉の木に2羽のキジバトが止った。その1羽を狙い撃った。落下していく残像はそこに残して、驚いて飛び立ったもう1羽を狙う。私の右手へ飛び始め、狙い越しを測って発射した。キジバトはキウイ畑の外側で茂っているコセンダングサのボサのなかへ斜めに落ちて行った。降りて行ったようには思えなかった。ふつう、鳥はこんな場合は飛び去るものだ。

私はとっさに、そのキジバトが止まっていた木に目を戻した。

（多分あの木だった……）

そういうことにして、2発目で撃ったキジバトが落ちているであろう、コセンダングサのボサのなかへ分け入っていった。見当をつけた辺りのコセンダングサの上にキジバトのものと思われる羽毛が落ちていたが、引っ付き虫だらけになりながら必死に探すも、肝心のキジバト本体は見つからなかった。諦めて木の下へ行くも、こちらもまた見つからない。どうなっているんだ……。落胆とともに長靴の中がチクチクするのが気になりだした。

まったく悔しい話だ。かすって逃げられたのだろうか？　北島さんも回収できないことが多いようで、

「もっと回収しやすいところはないんでしょうか？」

と訊いてきた。

山の中の明るく開けたところに飛んでくる鳥も撃ちにくいわけではないが、そちらだって何もない土の上に落ちるわけではないし、ほとんどの場合、農地よりも足場の悪い斜面になる。やはりこの農地は条件がいい。これ以上を望むのであれば、あとは飛んでいる鳥を撃ち落とすということになる。北島さんも1発は飛んでいる鳥を撃ってみたそうだが、銃を持って間もない現状では、木に止った鳥を撃つ方がまだ回収率が高いと踏んだようだ。散弾銃を使うからには、飛んでいる鳥を撃ち落とすことにこそ醍醐味があるとは思うのだが、獲れなければどうしようもない。賢明な判断だと思う。

さて、向こうの方に、まだ実が木にぶら下がっているみかん畑がある。そこからは、絶え間なくヒヨドリたちのうるさい鳴き声が聞こえてくる。近づけばかなりの数の鳥が飛び立つだろう。問題は撃つ方角と高さだ。まあ、追っ払うだけでもいい。北島さんのいる方へ行ってくれれば。そう思って、私はそのみかん畑に向かった。

そのみかん畑は、およそ25m×50mの長方形の敷地で、私の胸くらいの高さの生垣に囲まれている。私は北側の生垣の外を西に向かって中腰で進んで行った。ヒヨドリの鳴き声は西側に集中していた。ヒヨドリが何羽か飛び立ったところで止まり、しゃがんで生垣の根元近くの隙間からみかん畑を覗き込んだ。

すると視界の左手、畑の真ん中あたりにオスのキジが歩いているではないか！　一瞬銃を構えようとしたが、畑の南側は往来のある舗装路である。この低い高さから浅い角度で撃ったら、弾の一部は地面で跳ねて舗装路を横切ってしまうかもしれない。キジは私に気づいて、考えている間に畑の中を東にスタスタ逃走し始めている。そして、生垣とミカンの木に視界が途切れたわずかな時間に、そのキジを見失った。舗装路に降りて向こうの畑に行ってしまったか、それとも東側の畑に移動したか。私はそのみかん畑の東側に移動して、その両方を見渡した。だが、キジの姿はない。だとすれば東の畑の北側に広がっているコセンダングサのはびこった荒地。飛んではいないのだから、間違いなくこの中に隠れている。こうなれば引っ付き虫だらけになるのも仕方がない。踏み込むことに決めた。

しかし、私はここで間違いを犯した。そのボサに南側から進入すればよかったのだが、単に進入のしやすさだけの理由で北側から踏み込んでしまったのだ。逃げるように飛び立たれたら、撃つことができない。そのすぐ先に舗装路があるからだ。そのまずさに気づいたとき、数メートル先からキジが飛び立った。どうにもならない。だがキジはその荒地を斜めに飛び越えて、南東側の開けた植樹地に降りた。１ｍも高さのあるコセンダングサの茂みの向こう側だから姿は見えないが、これで決着がつきそうだ。

私は荒地の南側を迂回した。キジが降りたあたりが見えてきたが、姿はない。ということは、コセンダングサの茂みに戻ったのだ。茂みの中から「カサ、カサ」とささやくような音が聞こえてくる。その音のする辺りのコセンダングサがわずかに揺れている。そこにめがけて撃つか？　以前、山鳥のオスを追って行ったら姿を現したのがメスだったということがあった。目視せずに撃つのはまずい。飛び立たせてオスであることを確認してから撃たなければならない。山鳥と違ってキジは、オスが色鮮やかだから判別は容易だ。

再びコセンダングサの茂みに入る。北に向かって飛び立つように、コセンダングサの揺れているところのやや南側を追う。そしてついにキジは、やはり数メートル先から勢いよく舞い上がった。オスだ。銃を構えた。空まで舞った。キジの進路は西北西。すぐ降下し始めたが、まだ仰角はある。

（撃てる！）

キジの少し下を狙い引き金を引いた。キジは頭を下にして落ちた。落ちた辺りから目をそらさずに、コセンダングサの茂みをかき分け、踏み越えて進む。キジの羽が落ちている。当たったのはこの辺りか？　その先に緑がかった羽毛もある。だが、キジそのものが見当たらない。慌てた。

コセンダングサの茂みの中には無数の枯草でできたドームがある。これはキジのねぐらであり、通路なのだ。そこへ入り込んで隠れていないか、あるいは死んでいないか探す。

子どもたちも北島さんも呼んで探してもらう。もう、引っ付き虫のことなんか気にしてはいられない。ぐるぐると歩き回って探す。

だが、キジが飛び立つことはもうなく、見つけることもできなかった。そこにいるのに見つけられなかったのか、地面に落ちて、そこから走って逃げたのか……。その状況を考えると逃げられたとしか思えない。それなら、まさに「半矢」だ。

先週、鉄板焼き屋の中村さんが「鳥って半矢で飛んで行くことがありますか？」と質問していた。少なくともキジの場合、落ちても走って逃げることがあるということか。それでもたぶん、どこかで死んでしまうことになるのだろうが。

「キジをこの辺りに撃ち落としたんだ」

北島さんも、キジの羽や羽毛を見て落ちたことは疑わなかっただろうが、まったくのくたびれもうけ。帰りの車の中で、

「あれは落ちたんだと思う。降りたんじゃない。こういうふうに……」

キジが落ちる様子を手振りでやりながらそう言いかけて、

「また言っている。ハハハ……」

と、自分でフォローする。半矢で逃げられたときというのは、なにを言っても惨めなものである。3発撃って3羽回収した先週との、この違い。

結局、確保できたのはたったの5羽。北島さんが3羽、私が2羽。ヒヨドリだけ。腸を取り除きながら、

「回収できなかった数の方が多いかも」

こんな言葉が北島さんから漏れる。確かに。それにボリュームも。なんと言ってもキジを回収できなかったのだから。同様に回収できなかったキジバトには悪いが、キジへの執着は大きい。

それにしても不思議だ。あんなふうに落ちたのに消えてしまうなんて。こんな時には「犬がいたら……」と思う。

後日談

1週間後、鳥撃ち名人の渡邉さんにこのキジの半矢の話をしたら、こう言うのである。

「半矢のキジを捕まえられる犬は名犬だぞ。これまで20頭以上犬を飼ってきたけど、半矢のキジを咥えて帰って来れたのは3頭だけだったな」

キジは地面に落ちた瞬間から走り出し、走りっぱなしで逃げる。姿が見えるうちは犬も追えるが、においだけが頼りになるともう追いつけないのだそうだ。

落ちたキジが見当たらない――そんな時には、早々に諦めた方が良いということらしい。

第5章　届きそうで、届かない

1　チャンスを逃す

今日は1月9日。一昨日の筋肉痛は、もう気にならなくなった。

昨夜は少し雨が降ったらしい。今朝もカラッとは晴れていなかったが、その分気温は下がらなかったのではないかと期待して、山へ出かけることにした。予報では夜に雪が降るようなことを言っていた気がする。そうなったら、猟期の残りがあてにできなくなる。

銃は410番ウィンチェスターM94レバーアクションにした。この銃を選んだのは、これにしか使えない410番の散弾がまだ残っているし、できれば狩猟を始めたこの銃で、山鳥を仕留めたいという気持ちがあったからだ。河上さんから12番口径の自動銃をもらうことになっているので、この銃はもう許可を更新せずに、持ち主の瀬戸先生に返すつもりでいる。この猟期が最後のチャンスなのである。

三男が部活の朝練に行く時間帯と重なり、朝食を用意して一緒に食べて出かけるかたちになった。時間的にはちょっと遅刻か。

最初の目的地の30mくらい手前でバイクを降りた。降りたところは北向きの斜面を行く長い下り坂だから、そこまでエンジンを切って下ってきた。雨で落ち葉が湿っているので、それを踏む音はいつもより静かだったとは思うが、チェーンが発するジリジリという音はどうにもならない。もっと手前で駐めるべきだっただろうか。

林道はそのまま下ると間もなく切通しで、そこを過ぎると目的地手前の右カーブだ。谷間の沢になっているところなのでガードレールがあるが、その先の東向きの斜面の緩い上り坂にはガードレールがない。山鳥はその上り坂の左側、1mちょっとの擁壁の上にいて、逃げるときにはいったん林道に飛び降りて歩いて渡り、そこから飛び立って斜面を滑空していく。あるいはいきなり擁壁の上から飛び立つだろうか。地形から、そこを通るたびに想像をしていた。

ここはきっと出る。問題は斜面にたくさん立っている杉の木で、体の大きい山鳥がそこを滑空すればそのどれかにぶつかりそうだ。山鳥なら逃げるとき、どんな飛行経路をたどるだろうか。

さて、作戦はこうだ。ガードレールの手前から沢に沿って林の中を下り、林道の下を迂回して、その斜面の北の尾根道を上がる。そして、その東向きの斜面を林道沿いに下って来る。擁壁の上で私に気づいた山鳥は下へ下へと向かうことになる。擁壁の上で山鳥が上向きに逃げるには、そこの斜面は登りきるまでに距離が長過ぎるように思われた。山鳥が駆け上ることができる斜面は3～4m、その上が平らになっていないと羽ばたいても離陸することができないと思う。だから上から追えば、下に逃げる確率は上がると踏んだ。私は斜面を滑空して行く山鳥を狙うつもりだった。

ところが、林道から下りて弾を装填したとき、水の枯れた沢を挟んだ向こう側の斜面、つまり、林道の右カーブを過ぎた辺りの下斜面の暗がりで「バッバッバッバッ」と音がしたのを聞いた。感覚ではそこまで20mくらいだろうか。山鳥が羽ばたいたにしては音の間隔が狭い。ハトが飛び立つ音は「パタパタパタッ」という印象で、明らかにそれとも違う。山鳥のオスがする母衣（ほろ）打ち（ドラミング）かもしれない。先に気取られてしまったようだ。

私の方は、およその位置はわかるが、姿を確認できていない。「尾が胴より長い」または「目の周りが赤い」——このいずれかを確認するまでは撃てない。とにかく姿を確認したい。だがどうやって？　そこに近付くには沢を渡って行くか、林道を行くかである。沢に下りれば目が離れてしまうし、地面に散らかっている小枝を踏み鳴らしながら近付くことになるのだから、山鳥がその場で待っていてくれるとは思えない。一方、林道に戻るなら銃から弾を抜いて覆いをしなければならない。

迷った挙句、見失うのが恐くて銃から弾を抜いて覆いをした。薄暗い音のした辺りを眺めまわしながらゆっくりとガードレールに沿って近付く。ガードレールが切れたところで道から外れ、再び覆いを外して弾を込めた。その時のわずかな金属音のせいか、そこから12～13mの距離にある木の根元の向こうから大きな鳥が、「バタバタバタッ」と斜面の下に向かって飛び立った。銃を構えたが、薄暗い林の中、たくさんの杉の木がその鳥の姿を遮った。仮に撃ったとしても鳥に当たる気がしない。鳥は左にカーブしながら滑空し、あっという間に姿を消した。だが姿を消す直前に陽の差す明るいところを通過し、長い尾の赤茶色い姿がはっきり見えた。

私はそれを追って斜面を下りて行ったが、その山鳥と出会うことはできなかった。あの母衣打ちらしき音を聞いたとき、キョロキョロせずにじっとしていればよかった。双眼鏡でじっくり探すというのもありだろう。そうしているうちに山鳥の方から姿を現したかもしれない。

今日は山鳥にも出会ったが、リスもいた。鹿もいた。ウサギもいた。ヒヨドリやキジバトももちろんいた。ものすごい勢いで走るウサギに向けて撃ったが外れて、手ぶらで帰宅。さながら〝ふれあい動物園〟に行ってきた感じ。

2　トラブル

猟期前に妻とドライブしたときに山鳥を見た。1月13日の今日はその近辺を目指して、同じ時間帯の午後の3時近くに山へ出かけた。銃は今日も410番のウィンチェスターM94レバーアクション。

目指す場所に向かう途中に、巻狩り仲間の森田さんの車があった。一人で忍び猟に来ているのだろう。私は鳥を獲るつもりだが、彼は四つ足を狙っている。獲物の痕跡を頼りに、双眼鏡で遠くを観察しながら移動し、スコープの付いた銃で獲物に気取られる前に狙撃して仕留めてしまおうというのだ。こういう生き方に憧れはするが、私にはじれったくてできない。やっぱり飛ぶ鳥を狙うのが性に合っている。

さて、今日の山は静かなもので、ヒヨドリがときどき飛んでいるくらいだった。帰りの道中で1発撃ったが、外れてしまった。山鳥を狙っていると、逃げられたり隠れられたりするのが怖くて、往路ではまったく発砲できない。他の獲物を撃つとすれば復路になる。

このとき、困ったことに薬莢が抜けなくなるトラブルが起こった。エキストラクター

（薬室から薬莢を引き抜くために、薬莢の底の出っ張りに引っかかる爪）を上から押しつけて、できるだけ薬莢のリムに深くかませた状態でレバー操作をし、ようやく外すことができた。

この銃を手にした最初の頃にも、未発砲の実包を取り出すのに苦労した覚えがある。そのときには、410番の小さい容積にギュウギュウ詰めになっている散弾によってプラスチック製の薬莢にできた膨らみが、薬室に引っかかっているのだと思った。だが今日、苦労して取り出したカラ薬莢を再び薬室に送り込んでみると、それだけではないことがわかった。薬莢の底部、リムのある金属の部分が、撃って膨らんだということもあるかもしれないが、薬室と接して傷がつくほどにきついのだ。それでも、薬室をカラにしておいてはなんにもならないので、新しい弾を送り込んでおいたのだが、バイクに乗るために銃袋に銃をしまおうとしたとき、また抜けなくなった。こんどは何をやっても取り出せない。

やむなくハーフコック（撃鉄の力が雷管（弾の起爆装置）に伝わらないように、撃鉄を半分起こした状態にしておく安全装置。撃鉄を完全に起こしたフルコックの状態と異なり、引き鉄を引いても撃鉄は落ちない）にしてそのまま持ち帰ることにした。弾を込めた銃を猟場から離れて持ち運ぶのは法令上も問題があるのだが、抜けないものは仕方がない。一番怖いのは、この状態を忘れてガンロッカーにそのまま仕舞ってしまうことである。一応、スマートフォンにメモを残した。

ところで森田さんの車だが、帰りにもまだあった。「頑張ってるなぁ」と思いつつそこを通り過ぎたが、しばらく下って「まさか迷ってないだろうな」とも思い、バイクを停めて時計を見た。16時40分。日没は16時52分である。まだ明るさは残っているが、発砲できるのは日没まで。それに山はあっという間に暗くなる。ちょっと心配になってＬＩＮＥでメッセージを送った。

「日が暮れる前に帰るんだよー」

「ご心配おかけしてすみません、あと少しで車です」

安心した。

自宅に戻るや、直ちに弾の抜きに取り掛かった。他のことを始めたら忘れてしまう。銃口側から細い棒でつついたり、薬莢のリムをマイナスドライバーで上・左・右方向からこじったりしてようやく抜けた。散弾の薬莢が抜けない原因は、この銃のオーナーである瀬戸先生が特注でライフルから改造したためかもしれない。

この銃で山鳥を……と思ったが、薬莢が抜けなくなった時点でその日の猟が終わるのは困る。残念にも思うが、残る４１０番の散弾は、カラスの駆除に使うことに決めた。猟期中にこの銃で狩猟鳥を捕獲したのは、先日のヒヨドリが最初で最後ということになった。

3　森田さんの大手柄

昨日、山の中で日没まで粘っていた森田さん、あの時ＬＩＮＥで何も言っていなかったのに、今日になってフェイスブックのタイムラインにこんな記事を載せた。


「犬なし単独猟じゃ獲れないよ」と言われ続けて2年、何度も諦めかけましたが、ようやく単独忍び猟で結果を出せました。

一人でやる解体は厄介だし、帰り道は肉担いで谷を登り死ぬ思い、数年ぶりに筋肉痛バキバキです。


メスの鹿を仕留め、解体していてあの時間になったそうだ。

（なかなかニクイことを……）

日没と同時に車に帰着というタイミングだったわけだから、本当にギリギリの作業だったということだ。さぞ焦ったことだろう。早速、敬意を込めてお祝いのメッセージを送った。森田さんからの返信は、「今期はなにかとツイてますね！」とのメッセージで締めくくられていた。

まだ初心者だった森田さんは、野生動物を仕留めるには、〝ツキ〟の必要な方法で挑戦し始めた。だが2年間手ぶらで帰りながらも続けることで得た経験は、野生動物との距離を、仕留められるところまで縮めた。今回の結果は、もはや〝ツキ〟とは無関係だったのではあるまいか。とにかく立派だと思った。

4　残りのスラッグ弾

1月16日。410番ウィンチェスターM94は、薬莢が抜けない不具合が回避できないものと分かり、今日はトラップ銃にした。弾は7・5号28gと、いざという時のためにスラッグ2発。

山際の農地と山林の境あたりの道路をバイクで走っていたら、小ぶりの鳥の行列が目の前を横切っている。小さいのでウズラかと思ったが、羽の色合いを見ればコジュケイである。6羽くらいいたのではあるまいか。そこは銃猟禁止にはなっていないものの、路上ということもあり、撃つわけにもいかない。珍しい光景だから、捕獲するよりむしろ写真に収めようとスマートフォンを取り出したが、あっという間に草むらのなかへ散り散りなって姿を消してしまった。

今日の最終目的地は、鳥たちの鳴き声が賑やかな南東向きの斜面を走る林道の周辺。普段そこを通ると最初にキジバトが、林道のすぐ脇から飛び立つ。見上げればヒヨドリが飛び交っている。今日はそこでバイクを降り、林道下の、林の中に入った。銃に弾を込めて安全装置を掛ける。急な斜面を降りるときには安全装置を掛けるようにしている。最近では上下二連の安全装置の操作が習慣になっていて、掛け忘れたり外し忘れたりすることは、ほとんどなくなった。

その周辺は間伐と枝打ちがされていて明るい。地面にはシダ類や細長い葉がワサワサしたスゲだかジャノヒゲだかがたくさん生えている。歩き回ってみれば、山鳥が葉の一部をついばんだと思われる（そう思いたい）それらがところどころに見られる。鹿の足跡や糞もあれば、散乱した鳥の羽や肉の残っている骨も落ちている。野生動物の生活が見える。

林道の上側も同様だが、林道に沿って、カラスザンショウやアケビなど、鳥にとっては四季を通じて食べ物がある場所のように見える。そこでこんなことが起こった。

私が斜面を左手にして立っているとき、つまり北側を向いているとき、林道の上側から

キジバトが飛んできて、私のところから水の枯れた沢ひとつ隔てた杉の木の葉の茂みの中に消えた。たぶん止まった。30ｍくらいの距離である。もはや山鳥との出会いはないものと諦め、安全装置を外して1発撃った。落ちてくるものを注視したが、枝葉が少々。それが地面に落ちるより早く、左手の木の上の方で「バサ、バサ」と音がした。その木は今撃った木の向きと90度くらいになる向きにあり、私のちょうど目の高さに根がある。私の目からその根までの距離は10ｍもない。そこへ2～3の枝葉とともにヒヨドリくらいの塊が落ちてきた。

（なんだ、今のは？）

私は、撃った弾を入れ替えて、そのヒヨドリらしき塊を確認しに向かった。そこに落ちていたのは、まさしくヒヨドリだった。いったいど

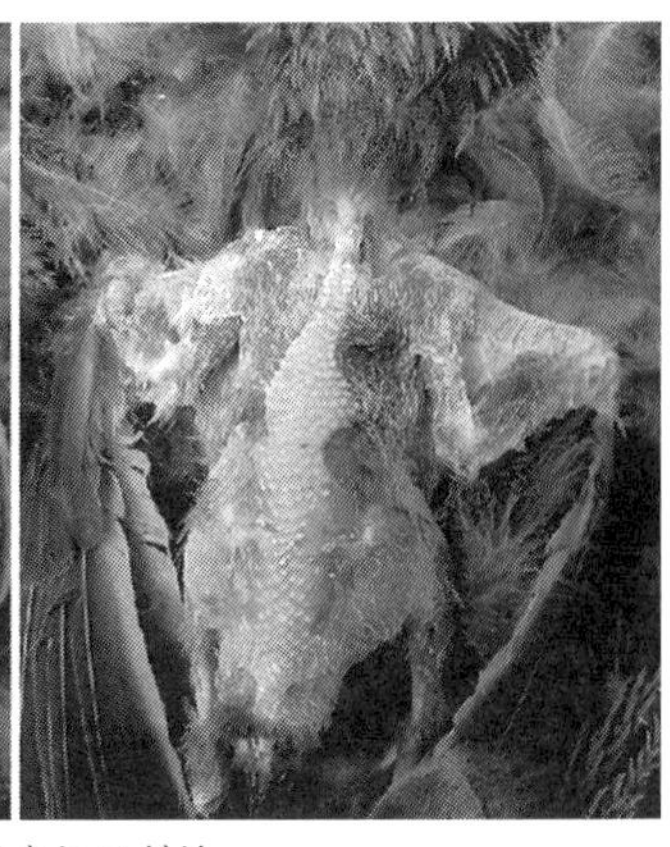

狙った向きと 90° 違う木から落ちてきたヒヨドリ

うなっているのか？

　すぐその場にしゃがみこんで羽をむしった。右の肩の辺りに皮下出血があり、左の脇のところに小さな穴が開いている。散弾だろうか？　ちょっと考えにくい。それよりは音に驚いてよそ見をし、木の枝に接触、幹に激突して落ちた……こんなストーリーしか思い浮かばないのだが、どうだろう。

　そうやってしゃがみ込んで手元の作業をしていると、背中でキジバトの飛んで来る音がした。そちらに目をやる。自分より下の木の、一番下の枝に止まった。距離は10ｍもない。姿が見える。キジバトは飛び方も特徴があるが、飛ぶ音にも特徴がある。文字にすると「パタ、パタ、パタ」という音とともに「キョッ、キョッ、キョッ」とかすかな音がする。あの音は何なのかと、いつも不思議に思う。用心深いハトも、地面に張り付いていている生き物だとみれば油断して近くの枝に止まるらしい。銃をゆっくりつかみ、安全装置が掛かっていないことを指で確認して構えた。キジバトは左面をこちらに見せている。問題はどこを狙うかだ。トラップ銃の初矢は35m辺りで散弾がちょうどよく散開する。この距離では近すぎる。まともに狙って当たったらズタズタになってしまう。頭の少し前の空間を狙って引き金を引いた。弾を入れ替えて回収に向かう。

落ちたキジバトは、頭がなくなっていた。こう書くと〝グロい〟かもしれないが、どのみち頭は切って捨てるのである。剥製にしようというのでもない限り関係ない。そのかわり、胴体には弾が入っていない。食べるつもりなのだから、最高の獲れ方である。これもその場で羽をむしってしまう。キジバトは羽毛をつまみ上げると、本体の重みだけで「ブチブチブチ」と、羽毛が抜けてしまう。簡単に丸裸になる。しかも目論見どおり胴体部分には弾が当たっていないから皮もはがれにくい。

短時間に2羽の収獲である。1羽はハト！　いいじゃないの。それに、銃創による傷みがない。

安全装置を掛け、喜んで斜面を登る。ほどなく林道に上がろうというところで、上の方からまたキジバトが左手の林の中に飛び込んで行って、目で追うと、これも杉の木の枝に止まった。その場所から目を離さずに斜面を少し斜めに下り、30mほどの距離に近づいた。

キジバトの姿は見えないが、そこからは飛び立っていない。安全装置を外し、そこへめがけて発射した。大きなキジバトが落ちてきた。こんどは弾を入れ替えずに安全装置を掛けて斜面を下り、回収に向かった。獲欲はこれで終わり。

このキジバトは目が充血していて、どうも頭に当たったようだ。毛をむしると、これも食べるところに銃創がない。最高の獲物だ。

（やった！　早く帰って、お昼は奥さんとハトを食べよう）

そう思って銃から残った弾を抜き取り、覆いをかぶせてバイクにまたがった。


走りながら、どこかで一度バイクを止めて、妻に連絡しておこうと思った。林道のカーブを右に回り、右手のタルになっている緩い斜面が目に入ってきた。するとその斜面に、小ぶりのボストンバッグくらいの胴体に短い足が四つ付いている茶色い動物が4頭でこちらのことは気にも留めず行列している。

何だろう？　猪かもしれない。猪だ、間違いない。あのくらいの大きさだったら、解体して持って帰れそうだ。

視界には、親らしい大きいのはいない。このことが少し気になる。

私は急いでバイクを降りて林道から斜面に上がり、銃の下の薬室に持って来た2発のスラッグ弾のうちの一つを装填した。これまでにこのトラップ銃でスラッグ弾を撃ったことはない。上下に並んだ薬室の下側が初矢の3／4絞り。上側は二の矢の全絞りである。トラップ銃は、スラッグ弾を撃つ銃ではないのだが、それでも撃つとすれば、少しでも絞りの緩い初矢の銃身を使うしかない。

（下だったら、まあ大丈夫じゃないか？）

希望的にこんなふうに、自分に許可を出す。

斜面を見上げて正面にいる最後尾の1頭の頭を狙って引き金を引いた。だが、引き金に手ごたえがなく、「カチン」とも言わない。安全装置だ！　すぐ解除したが、もう頭を狙えない。自分も動く。ギリギリのところで頭にめがけて撃った。それが、どうも外れてしまったように見える。だが、よろけているようにも見える。私はそこで、残る1発のスラッグ弾を入れ替えた。

猪はよたよたしながら、完全に遅れながら、他の3頭のあとを追っている。が、すぐに林道に転がり落ちて来て側溝にはまった。そこで銃を撃つわけにはいかないし、困ったことに刃渡りのあるナイフもない。鳥を撃ちに来たのだ。こん棒になるような木はないかとキョロキョロするが、そうこうしているうちに猪は側溝から出て林道を横断し、下の林に逃げた。……撃とうか撃つまいか。最後まで親の猪が気になっていた。撃たずに追った。

銃の安全装置を掛け、斜面を駆け降りる。どこかに当たっているのではないかという思いで。

だが、消えた。動くものがないか辺りを見回したが、何も動かない。自分だけがハアハア肩を躍らせている。あきらめて林道のガードレールを見上げ、斜面を登り始めた。

また安全装置だ。安全装置を掛けたまま弾を抜いた。そこにスラッグ弾を装填したのだ。国体入賞を目指してクレー射撃をしていた5年間、年間約5千発撃っていた。予算を決めていたのだからおよその弾数も決まっている。5万5千発だ。弾を装填し、構えて狙い、引き金を引く。その繰り返し。安全装置に触れる機会はない。さっきもそうだ。弾を装填し、構えて狙って引き金を引いた。そのままだ。肝心なところで訓練の賜物、自動装置が働いてしまった。はじめから弾が入っていたなら、最近の習慣だと安全装置を確認していたはずなのだ。

残る1発にしても撃ってしまえばよかった。先日の森田さんの手柄もあって、斜面をゼエゼエ言いながら登る間、悔しくて悔しくて、なんとかならなかっただろうかと思い返した。

だが時間が経つにつれて、2発目を撃たなかったことは正しい判断だったと思い始めた。考えてみれば、もともと身を守るために持っていたスラッグ弾である。たまたま何も起こらずに済んだから悔しがっているが、これが2発目を撃ってあの子猪を仕留めたとして、にんまりしているところに大きいのが突進して来た——そんなことが起こっていたら、7・5号の弾はたくさん残っていても、それではどうにもならない。

この出来事が加わって、帰るのがすっかり遅くなってしまった。妻は先に食事を済ませていた。キジバト1羽は私が食べることにして、もう1羽のキジバトとヒヨドリは、焼き鳥名人のお友達、小松さんに差し上げることにした。以前に焼き鳥をお裾分けしてくれたことがあり、それがとても美味しく焼けていたのだ。キジバトとヒヨドリについても「食べてみたい」と言っていた。きれいに獲れた肉なので、丁寧に食べてくれる方にさし上げたい。小松さんは「塩で肉の味を味わってみたい」と、喜んでくれた。

夕方、瀬戸歯科医院に予約を入れてあり、そのとき瀬戸先生に猪の話をした。

「親はいなかったの?」

「そう、それが気になったんですよ。それで2発目を撃つのをやめたんです」

「俺も昔、猪の子どもを撃ったらさ、銃の弾がカラになったところに親が現れて向かって来たことがあったよ。焦ってワナワナしているところにちょうど高橋さんたちが現れて撃ってくれたから助かったけど、あんなふうになったら、生きるか死ぬかだな」

瀬戸先生のこの話、ひょっとすると以前にも聞いたのかもしれない。そのことが頭の片隅にあって、最後まで弾を残すことができたようにも思う。

今日の猪の一件は大変な教訓になった。どこか意識にヌルいところがあるのだ。あの1発目が見事に当たっていたら、こういうことを考える展開にはならなかった。

今日の猟は、コジュケイの行列に始まり猪の行列に終わった。色々なことがあった一日だが、運のよい日であったと思うべきだろう。

後日談

この直後、猪による狩猟中の死亡事故が報道された。

2019年1月20日の朝、仲間3人と狩猟中の男性が山梨県下の林道で猪に襲われた。「やられた」との無線連絡の約10分後に仲間が駆け付けたが、既に意識不明の状態。背後から襲われたとみられる。すぐに病院に搬送されたが、午後には死亡が確認されたという。獣道というのは怖いものである。心からご冥福をお祈りする。

猪の襲撃による事故は増加傾向にあり、この2018年度は50件の報告があった。

5　山鳥近し

2月10日。午後3時にバイクにまたがって山へ向かった。持って出たのはマロッキートラップ銃と7・5号28g、それにスラッグ2発。先週からの寒波の影響で寒い日が続いていた。北海道はマイナス30℃を記録したそうである。テレビでは雪の降る皇居前の様子を映していた。この付近も雪が降るかと思ったが全然降らず助かった。山にも白いところは見当たらない。だが山の中に入ってみたらどうか、そこまでは行ってみないとわからない。朝の凍った道は困るので、すこしでも気温が上がってからと思い、この時間にした。

狙いは山鳥である。他は撃たないつもりで出かけた。途中の農地でキジを見つけた。だが撃たない。まだ小ぶりである。次猟期に向けて温存するとしよう。

射撃の選手だった麻生太郎氏（副総理、財務大臣）が、また「子どもを産まないことは問題だ」と言って叩かれている。「高齢化より少子化の方が問題で財政の持続性に脅威である。子どもを産み・育てやすい環境が重要だ。」と、趣旨の説明をしているそうだ。趣旨を説明しなくてもわかることだと思うのだが……。キジたちよ、君たちもしっかり増えておくれ。

さて、山の中は倒れた木の上や落ち葉の上に少し雪が載っている程度だった。「比熱の差？　いや熱容量か」そんなことが頭に浮かぶ。だがすごく寒い。グローブはしているが、指先が冷えて痛い。バイクを止めてエンジンに手を当てた。こうでもしないと血管が開かない。一度開けば全然違う。

今日の重点箇所は、1月16日に研究した場所。風もなくときどき雪がちらつく林道は、しんと静まり返っている。下り坂、エンジンを切ってニュートラルで下りていくと、チェーンの音やときどきかけるブレーキの音がうるさく感じる。だが、ボサの中には鳥が休んでいて、通り過ぎるとヒヨドリやシロハラが飛び立ったりする。鳥はいないわけではないのだ。

目的の場所に着いてバイクを降りる。林道の脇でカバーを外し、銃に弾を込めた。足もとの盛り上がったところを越えると灌木とボサがあって、その下はわりと急な下り斜面でやや暗い林になっている。だが、そこはシダ類も豊富に育っていて、先日観察したときには、山鳥がついばんだと予想される痕跡もあった。

斜面を見下ろせば、左は沢の跡で窪んでおり、右に向かって南東面は円い曲面を形成している。だが実際には、目の前のボサと灌木で、そのすぐ下は見えない。

（このボサの中に山鳥がいて、山鳥が飛び立ったら撃てるだろうか？　飛び立ったのはわかっても、姿が見えないかもしれない）

そう思った時、まさに目の前のボサの中で何かが動く気配がした。それが山鳥ならドラマチックなのだが、どうせまたヒヨドリなんだろう……そんなふうにいつも思ってしまう。そうして目の前のボサに向かって一歩踏み出した。

その瞬間、「バタ、バタ、バタ」と大きな鳥が飛び立った。ほとんどそこから水平に飛び立ち、一瞬灌木の隙間から見えたその姿は山鳥だ！　それに向け1発発射したが、すぐに斜面に沿って降下して行った。当たったから落ちたという感じではない。それでも一縷の望みにかけ、弾を入れ替えて下りやすそうなところから下って行った。

立ち止まって飛び立った場所を見上げて確認した。山鳥が飛び立った場所は、せり出したボサが屋根になっていて、崖壁にできた洞窟のように見える。まるで『ナヴァロンの要塞』だな。古い戦争映画が思い浮かぶ。

見上げては下り、気配を探る。それを何度か繰り返したとき右斜面の向こう側で気配がした。あっちの方に飛んで行ったということがあるだろうか？　そう思ってそちらを注視すると、そこへ黒い塊が現れた。ワッサワッサとこちらに向かって来る。

（猪だ！）

鳥の糞を見つけた

ほとんど水平の位置関係、距離は20ｍもない。スラッグ弾に替えようと慌てて銃を折る動作に、猪の方がすぐに反転して、来た道を引き返して行った。現れて姿を消すまで5秒となかっただろうが、ちょっと焦った。落ちた山鳥のことばかり考えているのも危ないものだ。さらに下ると糞を見つけた。鳥の糞だ。大きい。山鳥だろうか？　なんでも山鳥につなげてしまう。だがこれも収穫。

猪が出た以外、まったく気配がない。いっきに遠くまで行ってしまったか、死んで転がっているか、じっと隠れているか、もうわからない。外れたものとあきらめた。

しかし、成獣の猪と遭遇したのは初めてのことだった。今日は山鳥以外は撃たないつもりだったから、あいつを撃てなかったことに後悔はないけれども、たとえ鳥を狙っているにしても、猪には警戒しておかないといけないと思った。

時刻は16時40分。今日の日没は17時20分。鳥獣保護管理法により日出前及び日没後の銃猟は禁止されているので撃てるのはそれまでだが、もう一カ所行ってみたいところがあった。そこはこの猟期、まだ行っていないところだった。暗くなってはいるが、行ってみよう。下見でもいい。

目的地近くでバイクを降りて林道を歩く。雪がパラパラと降り出していた。その付近に着いたとき、既に5時を回っていた。暗くてもうさすがに鳥の判別ができそうにない。判別できるとすれば、「大きい鳥」か「小さい鳥」くらいだ。

撃つのは諦めよう。歩きながらそう思ったとき、30mくらい向こうの林道沿いの木の上から「バタ、バタ、バタ」と1羽の大きめの鳥が向こうの木の方へ飛び立った。ハト？と思ったその直後、もう1羽の更に大きい、明らかに大きい鳥が羽ばたき、林道を横切って右手の谷に降りて行った。その谷と私の間には盛り上がった土手があるため、鳥がどう進路をとったかは見えない。走って土手の向こうに回り込んで見下ろせば、林の中は見通しが良く、谷は左に伸びていて、その奥で向こうの谷につながっている。目を凝らし、耳を澄ましても、林の中にもう気配を感じることはできなかった。それでもそこを下りてみた。落ちた枝を踏む音だけが、ピシッ、ピシッと林の中で響く。足は知らず知らずのうちに奥の谷に向かって進んでいた。だがある瞬間、足元の暗さにハッとして林道へ戻ることにした。

あれはつがいの山鳥だろうか？　なんでも山鳥に思えてくる。でも大きい方はたぶんそうだ。飛び立つと再び羽ばたくことなく滑空して姿を消した。猛禽類なら空に向かって飛び立つのではないだろうか。山鳥と比べて翼が大きく、あのサイズでは林の中を飛べないと思う。それ以前に飛び立つこともしないのではないか？　まあ、断定はしないでおこう。

しかし、かつて読んだ文献に、山鳥も夜間は樹上で休んでいると書いてあった。日が高いときに木の上の枝を見て、

（あんなところで山鳥が寝てる？　そんなことがあるのだろうか……）

いつもそう思っていたが、ひょっとすると本当なのかもしれない。

17時20分、雪はさっきよりも強くなり、風も出始めてパチパチと身体に当たる。バイクに戻る道はどんどん輪郭が失われていく。向こうから何かが来たらどうしよう。それが猪だったら？　熊だったら？　もしかすると長い髪の女かもしれない！　闇の中で想像だけが鮮明になっていく。

これこそが山鳥の魔力なのに違いない。そう思い、頭の中に現れる映像を振り払ってバ

イクへ急いだ。

6　あと一歩

猟期が終わる明後日の2月15日までに、出猟できるのは今日が最後。日没は17時23分。（前回と同じ時間帯に行ってみよう。今日は天気が良いが、あのときに降っていた雪は大丈夫だろうか？）

頭にあったのは、日没近くに木の上にいたあの大きな鳥。あそこに行けば、また会える気がする。それは「予感」というより「期待」の方が正しかったと思うのだが、験を担いで15時過ぎに、既に日陰になっている山へと向かった。銃は今日もマロッキートラップ銃、弾はいつもの7・5号。

これまでの経験から考えて、こういう状況こそ、そこまでの道中を疎かにしてはならない。山鳥はこういうときに生じる心の隙を見逃さず、おちょくるように私の間合いに進入しては、姿をくらましてきた。そのことにどれだけ後悔と反省を重ねてきたことだろう。

幸い道中に雪はなく、慎重にポイントを通過し、残るは前回の2か所だけになった。前回撃って逃げられたところは静かなものだった。同じ場所に近づいても気配はなく、踏み入って足を鳴らすが何も出ない。諦めた。だが、最後のポイントに向かうにはまだ早い。すぐにはバイクに戻らず、擁壁が左手に続いている道を100mほど歩いてみることにする。その先の目的地は右にカーブしている。

そこは地形的に居てもおかしくないところだとは思っていた。普段あまり歩かなかったのは、右側が急な下り斜面で、しかもボサになっていたから、擁壁の上から道を飛び越えて右の谷へ向かわれたら、犬がいないため撃ち落とした鳥を回収しようがないのだ。その目的地の右カーブが近付いたとき、20mくらい先の擁壁の上の斜面で慌ただしく「ガサ、ガサ」と走る音が聞こえる。そちらへ目を向けた瞬間、何かがバタバタと飛び立って道の上空を通過した。尾はなびくほどには長くないが、まぎれもなくオスの山鳥だ。もちろん見送るしかない。だが、耳はいまだにガサガサ音を拾っていてそちらに目を戻すと、もう1羽が斜面を斜めに、長い尾を引きずりながら走り上がっていて、ボサの中に消えたが早いか、「バタ、バタ、バタ、バタッ」と、飛び立つ羽音が聞こえてすぐに静かになった。

前後を見渡すと、少し道を戻れば擁壁が低くなっているので上がれそうだ。そこからよじ登って銃のカバーを外し、弾を込めた。山鳥の後を追う。斜面のボサを潜り抜けると尾根になっていて、背の低い笹が茂っている。獣の通り道ができていて、それに沿ってグルグル歩いてみたが、もうわからない。たぶんジッと隠れているのだろう。まあ仕方がない。ここは今後の探索の参考にするために探ったまでのこと。ちょうどよく最後のポイントに向かうまでの時間調整になったと思うことにする。

さて、今期最後のポイントになった。前回、日没の時間帯に見た「大きい鳥」と、もう一度会えるだろうか。バイクを降りたのは午後5時。日没まで20分ある。時間が早いことに加え晴れていることもあるので、先日よりもかなり明るい。だが、今回はチャンスがあれば撃つつもりでいる。弾を込めて撃てる状態で近づくには、林道を避けて林の中を迂回して行かなければならない。その分時間がかかる。

手前の切通しから東側の林に入れば、「大きい鳥」が飛び立った木へは、途中から下りながら回り込んで、木のすぐ下まで行ける。「大きい鳥」は、私が林道を挟んだ谷から現れた日にはびっくりすることだろう。こんなふうに期待しながら林の中を歩いたのだが、聞こえて来たのは結局自分の足音だけだった。それに例の木の上に居たとしたら、歩いた経路にはあまり死角がないことが分かった。間に木が立ってはいるものの、お互いに丸見えなのだ。だから、びっくりさせることもできなかったが、木の上に上がっていないことも分かったわけだ。日によってねぐらが変わるのだろうか。それともまだ明るすぎるの

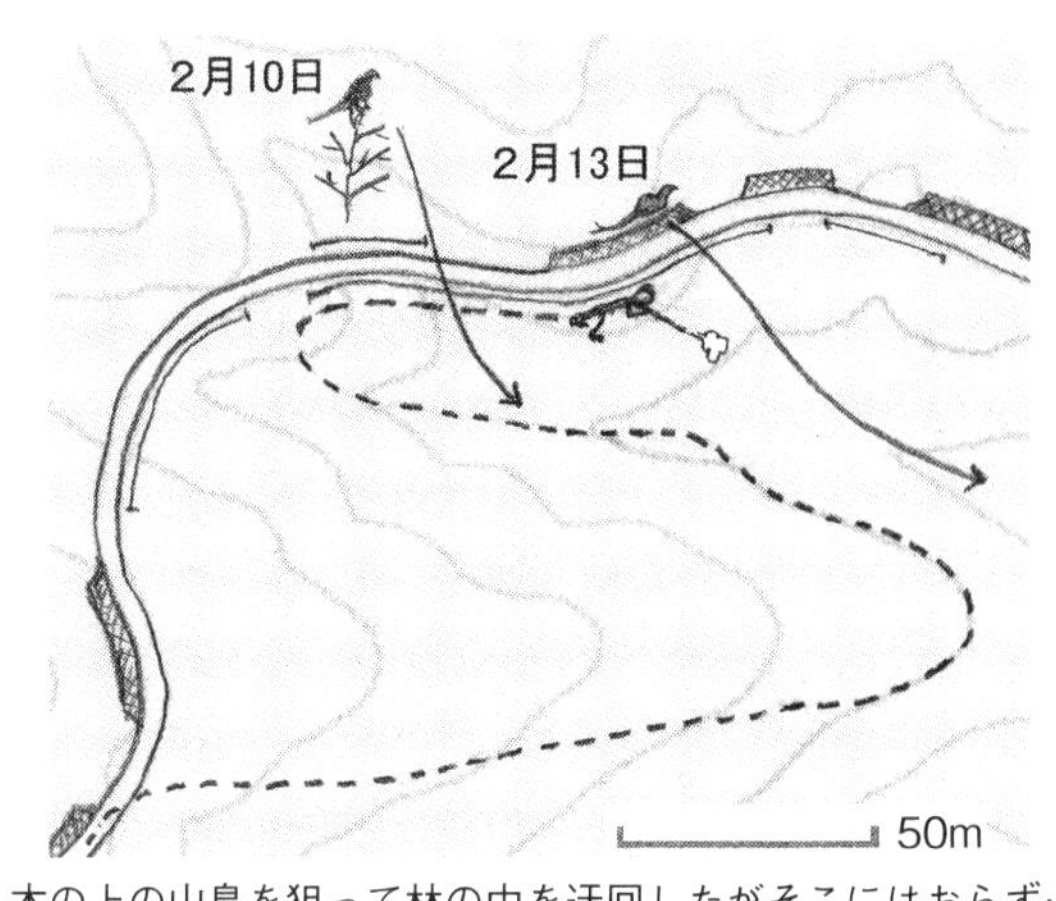

木の上の山鳥を狙って林の中を迂回したがそこにはおらず…

か？

周辺に潜んでいる可能性もあるので、少し林道に沿って下ることにする。林道はそこから100mほどで緩いS字を描く下り坂。その間、左側に擁壁が2か所築かれている。その擁壁周辺をチェックしないという手はない。だが、めったに人が通らない林道だからといって、裸の銃に弾を込めて歩くわけにはいかない。それで右側の道端を下ったり上がったりしながら移動する。擁壁と向き合った場所は道路より高くなっているので、そこで擁壁周辺を見回して行くことにした。だが、最初の擁壁に近付いて、足元にも気を配りながら道端を上がっていると き、そこの擁壁の上から「バタ、バタ、バタ」と、尾の長い「大きな鳥」が飛び立った。

（山鳥だ！）

足元の悪い斜面でもたついている間に、山鳥は林道を飛び越えて谷へと向かう。林の中を下っていくそいつに向けて1発撃った。だが山鳥はそのまま滑空しながら右に進路をとって視界から消えた。それから、またスキート射撃選手のプログラムが作動したのに気づいた。

(もう1発撃っても良かったのに)

深追いするのはやめた。もう日没である。あと一歩というところだった。あれが命中して転がっていたら劇的だった。これで、物語は来期に続くことになった。

第6章　決着

1　土砂崩れ

２０１９年12月18日、林道わきの林の中にバイクを残し、歩いて下山した。これが町中なら妻に迎えを頼むのだが、林道はそこを使い慣れた人でないと居場所の説明が難しい。そこで麓に住んでいる猟友会の仲間、恵理子さんに電話をかけたところ、上がって来てくれたので助かった。落ち合うまでに歩いて下った道も、通れないということはないが舗装がひどく荒れていた。まったく山鳥どころではなくなってしまった。

猟期が始まってひと月余りが経ち、この日になってようやく時間を作ることができた。前の猟期の終わり方が「あと一歩」というところだったので、「今期こそは」という思いで午後2時ごろに山へ向かった。

銃も猟友会の長老、河上政夫さんからもらい受けたベネリー・ラファエロを使うつもりで準備してあった。「準備」というのは、この銃の絞りが遠射用（40～50ｍ）の全絞り（フルチョーク）で、猟に使うとすれば飛んでいる鴨を狙うような銃だったのだが、この辺りには撃てるところに鴨がいない。河上さんはこれにスラッグ弾を入れて四つ足を撃つ

のにも使っていたそうだが、銃口が狭過ぎてその銃と弾の適合性はあまり良くないし、これまでどおり山鳥と勝負するなら、もっともっと近くで散弾が散る平筒か改良平筒（4分の1絞り）くらいが好い。それで思い切って銃砲店に頼んで絞りを削ってもらったのだ。改良平筒くらいになっていると思う。30m前後くらいが散弾の散開する良い距離だろう。

だが、山へ向かう上り坂では、小鳥も飛ばず、生き物の気配すらない。それだけなら天気次第でそういうこともあるかもしれないが、問題は道路から土が流れ出て、舗装がひび割れ、ひどいところは道が大きくえぐれてしまっていたこと。タイヤがはまったら大変だ。

登りの道が横巻きの道に突き当たり、北に進路をとった。だが少し進むと、早くも道は土砂崩れで埋まっていた。10月12日の台風第19号による災害なのだ。一度バイクを降り、バイクで乗り越え、そして戻れそうか、歩いて確認する。バイクが通った跡がある。なんとかなりそうだ。倒木もある。いちいち降りて進む経路、

帰る経路を確認する。その先、完全に通れなくなったところがあったりしたら、戻らなければならない。

途中、赤と白の山茶花が咲いている。色彩に乏しい冬の林道に、どちらもパッと鮮やかさを与えている。結局、生き物とは出会うことなく、下山予定の道との合流地点がすぐそこというところまで来た。

（バイクだから通れたけど、クルマじゃ無理だったよな）

そう思いながら山を下りることだけを考えて、その土砂崩れを乗り越えるコースを確認し、そして無事乗り越えることができたのだが、その先で右に曲がると、泥の溜った橋の向こうに土と岩の壁があるではないか。ぬかるんだ泥の上である。このバイクでは滑って勢いがつかず、とても登れない。

（戻るしかない、ここまで来て……）

ところが、さっき越えた土砂崩れを登れない。越えてくるときには、ゆるい下りで勢いをつけて左斜めに登り切り、右斜めに進路を変えて木をよけながら下りた。その木が邪魔で走り上がることができない。油断した。最後の最後に戻ることを考え忘れたのだ。

周囲を観察して、仕方なく道を外れ、林の中を通って林道に戻るコースを考えた。だが、あと少しのところで結局タイヤが滑って登り切れず、林の中にバイクを置いて、日が暮れる前に下山することにしたのだった。ぬかるむ泥の橋を渡り、土砂の壁をよじ登って振り返ると、沢を隔てた林の中に、残してきたバイクがたたずんでいるのが見えた。

（雪が降る前にバイクを回収してこないと……）

家の窓から山を見るたびに思うことはそれだった。

そして2日後の今日は晴れ、気持ちのいい朝になった。ハンドウインチとロープを持参し、バイクを少しずつ引っぱりあげる作戦だが、正直あまり自信がない。それで一応は銃を持って、ステップワゴンで独り回収に向かった。バイクを救出できたら、バイクの往路から一度自宅に帰り、妻とバイクの二人乗りで、こんどはステップワゴンの回収に向かう計画だ。

バイクは健気にもそのままの姿勢でたたずんでいた。ハンドウインチのセットが済んでガチャガチャやり始めた。する

と、今しがた通ってきた方角から人の話し声が聞こえて来る。林道に戻って橋のたもとまで走る。林の整備のためだろう、7~8人の男衆が橋の向こうの土砂崩れの脇から林の中へ上がって行こうとしていた。

「おーい!」

思わず呼びかけ、橋の上の泥に足を取られながら駆け寄る。事情を説明し、3人に手伝ってもらうことになった。4人がかりで、

「せーのっ!」

バイクは一気に、軽々と、林道まで上がった。「意外と簡単だったね」と言葉が漏れる。一人ではどうにもならなかったが、協力し合うと何の苦労もない。運がよかった。彼らより遅く行っていたら、作戦は思ったとおりにうまくいっていただろうか。

あとは戻るだけだ。とは言っても油断はできない。できるだけ手堅く進むことにし、往路ではよけて通った倒木も、細いものはノコギリで切断してルートを確保。とにかく無事帰ることのみを考える。

「何も出るなよ、今日は早く帰り着きたいんだ」

幸い獲物と思しきものなし。無事に下山路につくことができた。

そして下り始めてホッとしたとき、それは起こった。左カーブを曲がったところに大きくえぐれた溝がある！　2日前、上って来るときに、タイヤがはまったら大変だと思ったところだ。ハッとしてしまったのが悪かった。対向車がいなかったので大回りして溝の右側の路肩付近を通ればよかったのだが、無理して左側をキープしようとしながら、目だけはその溝に行ってしまった。見ている方に進んでしまう。バイクは「ガタン！」と溝にはまって止まった。

幸いにもエンジンガードがあったお陰で、バイクはそれに傷がついた程度で何ともなく、私も膝を擦りむいた程度。ただ、銃は衝撃で負い革が切れて道に落ちた。年季の入った革製の負い革で、河上さんも補修しながら使ってきたもの。これだけは替えないといけないと思っていた。銃本体はカバーのお陰かもしれない、心配した銃身に目立つ凹みはなく、大丈夫そうだ。私を猟に誘った瀬戸先生は、ウエザビーライフルを崖から落として真っ二つにしたことがあるそうだ。それを思い出して、負い革はすぐに買おうと心に決めた。負い革の切れたところを結んで肩にかけ、バイクを溝から引き上げた。不幸中の幸い、油断は禁物。事故の起きる時というのはこんな時なのだろう。

ステップワゴンを駐車した近くに、きっと朝助けてくれた人たちのクルマがあるはずだと思い、感謝の言葉を書いたメモと一緒にリポビタンDを袋に入れて持参した。案の定、2台の軽自動車が停まっていた。山梨ナンバーだった。ワイパーの軸に引っ掛けてきたのだが、無事気づいてもらえただろうか。

妻が運転するステップワゴンをバイクで先導し、コースの取り方を指示しながら誘導。ステップワゴンも回収することができ、ミッションは一応、成功の裡に完了した。

2　久しぶりの山で

前の猟期は、土砂崩れによる遭難ですっかり意気消沈。著書『国体を取り戻そうとしたクレー射撃選手』の執筆に時間を費やしたこともあり、あれっきりで猟期が終わってしまった。2020年度の今猟期も、もう12月13日。既にひと月近く過ぎている。数日前に鳥撃ち名人の渡邉宏也さんが店に来てくれたので、昨年の土砂崩れのことを訊くと、既に片付いて開通しているとのことだった。

天気のよい日曜日の朝である。それに暖かい。昨年から使い始めたベネリー・ラファエロの負い革も新しく用意して準備はできている。久しぶりに出かけることにした。

出かけるきっかけになったことの一つは、最近SNSのタイムラインで見かける山鳥の写真。「欲しい方居ますか」と書いてある。

（欲しけりゃ自分で獲りますよ。獲るなら欲しいだけにしろよ……）

捕獲した山鳥は販売してはならないことになっている。それは売ってよいなら売れるだけの価値があるので、販売目的に獲り尽くされてしまうからだ。地域差もあるかもしれないが、その心をくみ取れば、日に2羽までという制限は守ったとしても「あげるのならいくら獲っても構わない」とはならないと思うのだが、どうだろう。それに山鳥の魔力で、例のトロフィーハンターのようなことにならなければいいが。好きな狩猟は末長くやりたいものだ。

だが、その写真のお陰でようやく猟欲が湧いてきた。今期こそは決着をつけよう。

バイクで走りながら、まず気づいたのは沢に水がないこと。確かに雨が少ない。一昨年までに見た場所に、山鳥はいるのだろうか？　今日と同じ時間帯に、沢に水を飲みに来ていた山鳥と出会ったことがあったが、その沢にもやはり水はなく、生き物の気配すらない。この調子では、棲み処も変わってしまっているかもしれない。

一昨年に亡くなってしまった安藤さん（昭和4年生）が、

「雨が少ないときは水のあるところが限られているから、水飲み場で待っていれば山鳥も必ず来るよ」

そう言っていた。水場になるところはいくつか知っている。次回はそのどこかで早朝から待ち伏せしてみようか、そんなことも考える。だが、山鳥に限ってのことだが、本心、ただ獲りたいというわけではなくなっていた。待ち伏せて狙い撃つという手段も、以前には考えたこともあったが、今では、後ろめたい思いも芽生えて来ていて、ちょっと気が引ける。

バイクを降りて、午前中の陽に照らされたところから山陰に入り、初めての猟期に瀬戸先生と反対回りで3羽出たところに近づく。するとそこから「カサ…カサ…」と音が聞こえてくる。毎年その場所にも注意を払うが、そこにあるのは葉のない灌木とそれを覆う黄土色をした蔓の網。何もおらず、なぜあのときには3羽もたむろしていたのだろうかと首を傾げてきた。ところが今日はその網の向こうから音がしている。歩調を緩めずに近付いて行く。

近づくにつれて何かが左上へ動いて行くのが隙間から見える。そろりそろりと移動していくものをよく観ようとするから、こっちもつられてそろりそろり。作り始めたジグソーパズルを見ているようで、全体の姿がわからない。ほんの6ｍほど、そいつは私の目線から2ｍくらい上に生えている木の方へ向かって斜面を斜めに登っている。木の後ろに隠れる直前に目の周りの赤がはっきり見えた。そして長い尾を従えて身を隠した。私はその木の根元をじっと見つめながら思った。

（羽ばたく音もさせず、あそこから先、あの山鳥は何をしているのだろう？）

最初に音で気づいたときはよく見えず、なかなか判別することができなかった。日陰に入って目が慣れていなかったからだろうか。とにかく今は、あの木の陰にいることは間違いない。慌てる必要はないが、この近さである。どうカタを付けようか。結局、視界を広くとるために少し離れたところから、山鳥には飛んでもらうつもりで、その周辺から目を離さずに斜面を登った。

ところが、その木の周りには何もいなかったのである。山鳥は消えていた。これで2度目だ。正体なく木の周りをウロウロする。訳がわからない。

（なぜ見失ったのだろう……）

歩きながらさっきの出来事を振り返る。決定的なチャンスだった。だが本当にそうか？ そう思うのは、ほんの6ｍの距離で、歩いている姿を見たからではないか？ では銃を構えて近づいて、判別できた瞬間にどこを撃つ？ 6ｍで頭を狙うか？ 頭を吹き飛ばすつもりで？ キジバトならやるが、7年も追ってきた山鳥にはちょっとできそうにない。何粒か頭に当たることを期待して、1発目を鼻先に撃ち込むか？ 外れてもびっくりして飛び立つだろう。そうすればチャンスがあったかもしれない。どうも、それしかなかったように思う。

ときどき地面で木の実をついばんでいる鳩や近くの枝で休んでいる鳩が、近づき過ぎた私から、頃合いを見計らって飛び去って行く。山鳥を探していると、このとおり何も撃てない。結局手ぶらのまま最終ポイント、一昨年、木の上から飛び立った大きな鳥を見逃したところへ向かっていた。

だが、それより手前の右手の谷間で動物たちの気配がすごい。そして向かう方向、スズタケの茂った道路わきの斜面では、「カサ…カサ…」と足音が。するとこんどはその手前、谷間への視界を遮るボサの向こうで、姿の見えない何かがパタパタと奥の方へ飛び退って行く。私は今来たところを少し戻り、その谷間の広い範囲をぐるりと反時計回りに周ることにした。

しかし、それらしい気配を感じないまま、もうすぐカサカサ音のしたスズタケの茂みだ。そのままスズタケをかき分けて進み、間もなく道路へ。と、その時、谷側の視界を遮っているスズタケのすぐ向こう側で、突然「バタ、バタ、バタ」と、大きな音を立てて羽ばたいたやつがいた。間違いなく山鳥だ。最初に音がしたところからは動いていなかったのだ。そいつは谷間を越えて向こう斜面に一度着地し、すぐに左に進路を変えて再び飛び立ったようだ。それで、いま周ってきたところをもう一周する。だが見つけることはできなかった。

山鳥は「パタ、パタ」なんてものではないのだ。小鳥に踊らされた。小鳥を囮に、飛ぶ姿が見えないところへ誘導され、隙を突かれて逃げられた。カサカサ音がしたところに姿を直視できる方から踏み込むべきだった。

これが初日のこと。いいところまで行ったのに。こんど「カサ…カサ…」を耳にしたら、飛ぶ方向を予測し、視界を確保して踏み込むべし。結局、今日も手ぶらで帰宅。

3　謎が似合う美しい鳥

27日の今日は今年最後の日曜日で、昨夜までは朝から大掃除の予定だった。出かけること、といってそれは山に行くことしかないのだが、それは妻から釘を刺されていた。だが、私が8時に早々に起きだすと、朝の苦手な妻が、

「もう少し寝たいから、山に行ってきてもいいよ。昼には帰ってね」

と、目も開けずに寝床の中で言っている。

「わかった、わかった、昼には戻るから」

静かに寝室を離れ、山へ行く支度を始める。銃は今日もベネリー・ラファエロ、弾は7・5号。狙うは山鳥！

バイクにまたがり、昇り始めた太陽に照らされているいつもの山へ向かう。家の前の道に沿って視線を上げて行ったところだ。9時には最初のポイントに着くだろう。

こういう予定外の出猟というのは、なんとなく期待が膨らむ。何かと出会う気がする。初めてキジを獲ったときもそうだった。気温もそれほど低くないし、風もない。いい天気

だ。気になるのは時間だけ。山鳥が無防備に姿をさらしている時間帯は9時ごろまでという印象がある。それに、日曜日は登山者が林の中を上がって来る。最初のポイントは登山道が近い。弾はどう撃ったって登山者に当たる心配はないのだが、楽しそうにおしゃべりしながら登って来れば山鳥の方が警戒して隠れてしまう。隠れたら置物のようになって、人間にはもはや発見できない。

はやる気持ちを抑えて、バイクの上で今季最初の出猟日の教訓を思い出す。近い距離で歩いている山鳥に出くわしたとき、手持ちの散弾銃で撃つとすれば、吹き飛んでしまうことを覚悟して頭を狙うしかない。そうでなければ間合いに踏み込んで、びっくりさせて飛び立たせるのだ。願わくは自分の前を横切って向こうに逃げてほしい。そうすれば距離も開いて散弾が適度に散ることができる。当たる確率も高まれば、肉も穴だらけにならずに済む。だから、山鳥より上の位置から斜面を登らせるように追い詰め、飛び立たせる。その状況は、時の運がかなり支配しているのだが……。

最初のポイントが近くなった。坂を上り切ったところが左カーブになっていて、その先は北向きの斜面で90m近くある直線の緩い下り坂。その先で右にカーブして東向きの斜面を上って行く。下りきった辺りが最初のポイントだ。2年前に滑空して逃げられたところである。

カーブを曲がって日陰になったところでエンジンを切って一度停まった。目を慣らす。それからニュートラルでブレーキをかけながらそろりそろりと下って行く。とは言ってもそれはスピードのことで、山の中ではエンジンを切っていても、動いている限りチェーンの音がジリジリと鳴り続ける。これが意外とうるさい。下りきる40mほど手前でバイクを右に寄せて駐める。道の脇に溜まった落ち葉を車輪が踏んでカサカサ鳴る。これもうるさい。車輪が止まった瞬間、落ち葉を踏むカサカサ音が止まる。止まるはずなのに右手のガードレール下、ササが茂っている周辺で「カサ…カサ…」と音が続いた。

（山鳥かもしれない）

ツグミのような小さな鳥でもボサの中でピョンピョン跳んでいる音は大げさで、以前はそれに大きな期待を寄せてボサの中を覗き込んだものだが、それとこれとの違いがなんとなく分かってきた気もしていて、今の音は2本の足で一歩一歩抜き足差し足移動していた――ように聞こえた。初猟日を思い出した。間合いに踏み込んで飛び立たせるのだ。

バイクを置いて、半キャップ（帽子型ヘルメット）を被ったまま気づかぬふりで林道を下る。10mほど下ると切通しで、ガードレールが一度切れて、道の右側が少し盛り上がった状態が20mほど続き、右カーブに入るところから再びガードレールが付いている。そのガードレールの手前で谷間を見下ろすと、スギ林を整備するためのものだろう、枯れた沢の右側に木の生えていない筋が開けていて下りて行ける。視界に動くものはいない。右手は切通しの下だから斜面が押し出していて、そこにアズマネザサが群生している。そのわきを25ｍほど右に緩くカーブしながら下った先が、バイクを降りたときにカサカサ音がした辺りである。ビックリさせることに成功すれば、山鳥なら右から左に目の前を横切って飛び立ち、左手の谷へと下って行くだろう。だが、実際にはどこで身を潜めているかはわからない。思い込みが失敗を招く。

「視野を広くとり、飛んでから構えて撃てばいいのだ」

自分に言い聞かせ、迷いを振り払う。

その場で銃のカバーを外し、できるだけ音を立てないように薬室に弾を装塡。一応、弾倉にも1発だけ込めた。弾倉には2発入れられるが、どうせ撃たないのだ。スキート射撃で習慣付いた一発必中のプログラムはいまだに変えられず、撃てる間があっても2発目を撃ったためしがない。そして安全装置を確認する。これに何度泣いたことか……。

落ち葉の積もったその筋に目をやり、

（目の周りの赤、長い尾）

それを頭に思い描いて、正面を向いて静かに踏み出した。目指す場所が近付くにつれて少しずつ歩調を早める。足音も大げさに踏み鳴らした。

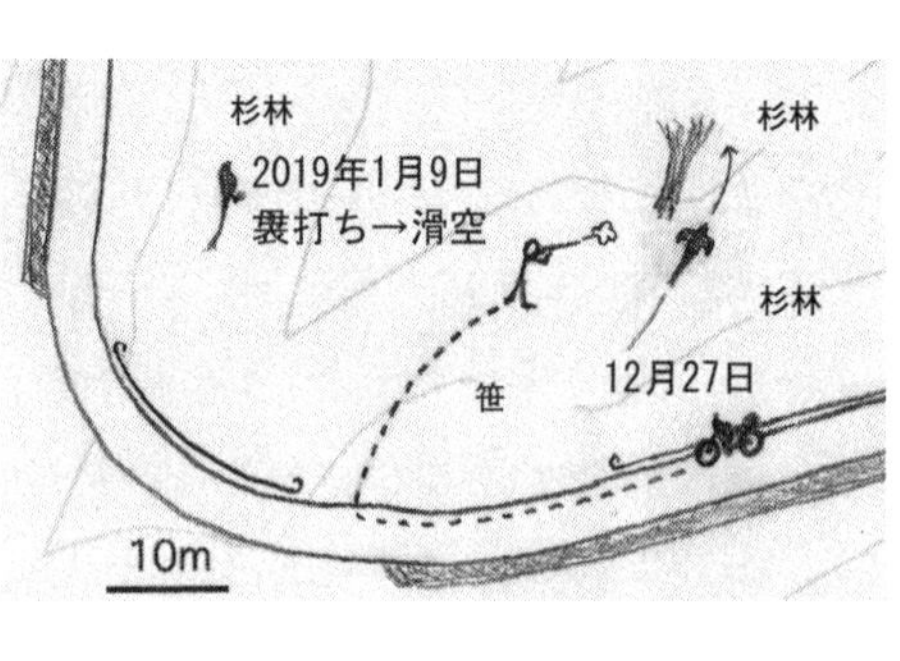

「ザクッ、ザクッ……」

すると、ササの陰になってまだ見えない右手の回り込んだ場所から、

「バタ、バタ、バタ」

と、大きな音を立てて大きな鳥が、目の前を横切りながら向こうの方へ飛び立った。そこまでは周りに木がなくて空が開けているものだから、赤茶色い体がものすごく大きく見える。銃を構えた。

「パーン!」

引き金を引いたのは、山鳥の足元につけた照星が頭の少し先の空間に至った瞬間だったと思う。距離は12~13mで焦点は山鳥に合っていた。その時、山鳥は空中で止まって見えた。長い尾も、目の周りの赤もはっきり見えた。言うまでもなく撃ったのはその1発だけ。山鳥は頭から落ちていったように見えたが、左斜面の雑木の陰に入って落下地点はよく見えない。回収に向かうべき場所を見失わないように、一目散にその辺りへ向かう。

山鳥はその筋から2mほど斜面を下りた木の根のところに、長い尾を上に向け、頭を下にして幹にもたれていた。林の中の暗さに、閉じられたまぶたの白さが目を引く。首のところでわずかにけいれんしていたがすぐに動かなくなった。

脚をつかんで持ち上げると、くちばしの上部が削れて左面の頭に血がにじんでいる。散弾の端の何粒かが頭に当たったのだ。当たり方としては最高である。だが、河上さんからもらったままの全絞りだったら、あの距離ではおそらく外れていた。銃の調整も含めて、これまで積んできた経験の賜物だ。この勝負は10秒とかからずに決着がついたが、苦節丸7年の集大成として、絵に描いたような出来事だった。

私の店には、3年ほど前に渡邉宏也さんからもらった山鳥の剥製がある。それを毎日見ているのだが、こうして山の中であらためて見てみると、山鳥の美しさを再発見する。

さて、羽をむしるのはどうするか。むしるなら山の中でむしった方が楽である。しかしもったいない。誰かにこの大きくて美しい鳥を見てもらいたい。実物を見るのは、写真で見るのとは違う。だいいち、丸裸になった鳥を持って帰っても、何の鳥か、オスかメスかもわからない。来て早々のことで帰るには早いが、持ち帰って「獲れたよ」と妻には報告することにしよう。

山鳥をそのまま袋に入れ、撃ったときに放出された空の薬莢を拾い、家路についた。

これで今期の山鳥猟は完了。バイクのハンドルに掛けた袋から、入りきらずに飛び出し

苦節丸７年、念願の山鳥とそのために調整をつけた銃

ている長い尾が風を切っている。バイクの上でそれを見て思う。

（ついにやったぜ！　みんな、これが何か知ってるかい？「山鳥」って言うんだぜ）

だが続けて思う。頭には半キャップ、胸前には覆いをした鉄砲、足には長靴というバイクに乗ったオジサンの、全体としての「変さ」の方が目立ってしまって、山鳥も、被ったまま撃てる半キャップの利点も、誰も気づいてはくれまい。

そしてこうも思うのだった。

（これでやっとハトを獲れる）

呼び鈴に「早かったわねぇ」と玄関を開けて出迎えた妻は、私が手に下げてさし出した山鳥を見るなり「大きい鳥だねぇ」と目を丸くした。

この山鳥には後日焼き鳥になってもらった。想像したとおり、キジと同様に美味しい鳥であった。

ところで、解体した肉の色を鴨（カルガモ）の肉と比較すると、ずいぶん違う。

毛をむしった後の全体のサイズは山鳥の方がいくらか大きく感じるのだが、山鳥は鴨と比べて、まず脚（もも）が極端に大きく、手羽が小さい。それと心臓が小さい。そして、跳ぶための筋肉、大胸筋（胸）と小胸筋（ささみ）の色が違う。鴨は持久力のある赤筋（遅筋）、山鳥は瞬発力のある白筋（速筋）が発達している。

これらは主観ではないと思う。長距離を飛んで移動する鴨に比べて、山鳥は歩きながら食べ物をついばみ、一年を通じて10ヘクタール（円なら直径３５０ｍほど）内で生活していて、※非常時に素早く走ったり飛んだりするという生活の違いによるのだろう。過去に目撃した回数は少ないものの、飛ぶよりは、慌てて二本足で走る姿の方が印象に残っている。

だが、今回捕獲した山鳥については、非常に興味深いものが発見された。素嚢の中身である。どう見ても玄米なのだ。捕獲場所から一番近い人の生活圏まで、地図上で１・３㎞もある。まったく謎が似合う野鳥である。

※　餌条件の良好な環境における行動圏。川路則友『Bird Research News Vol.3 No.11』「生態図鑑　ヤマドリ」

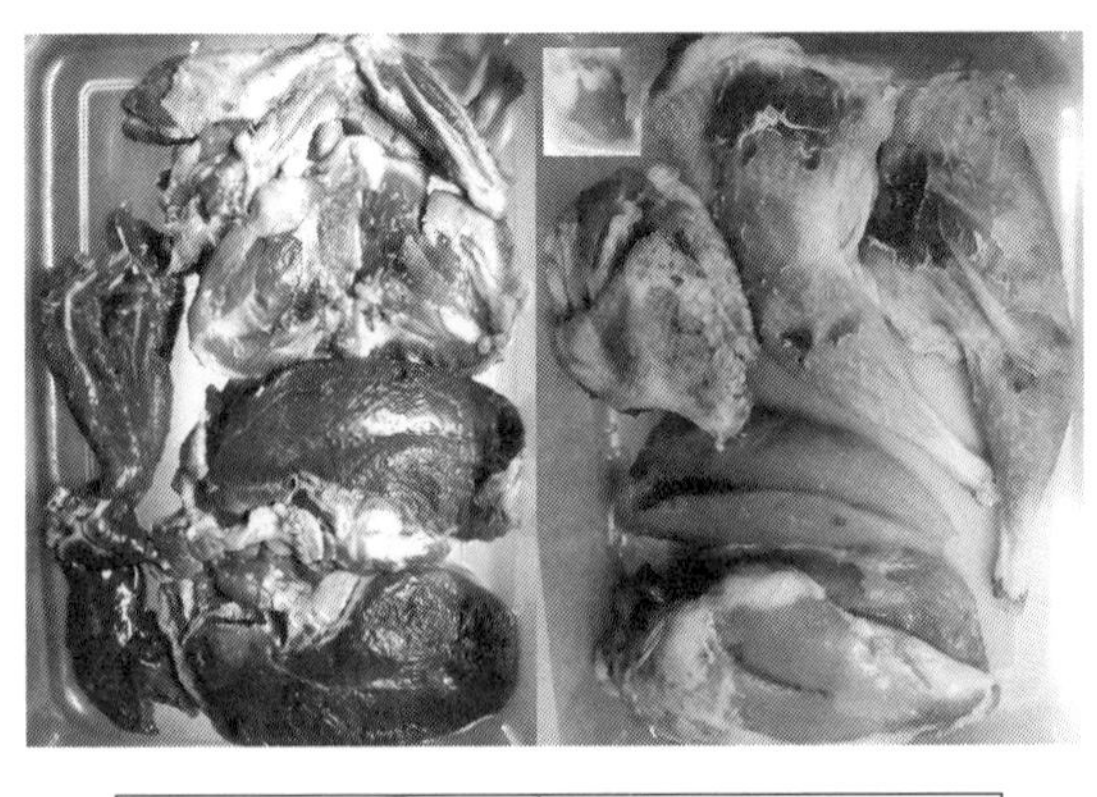

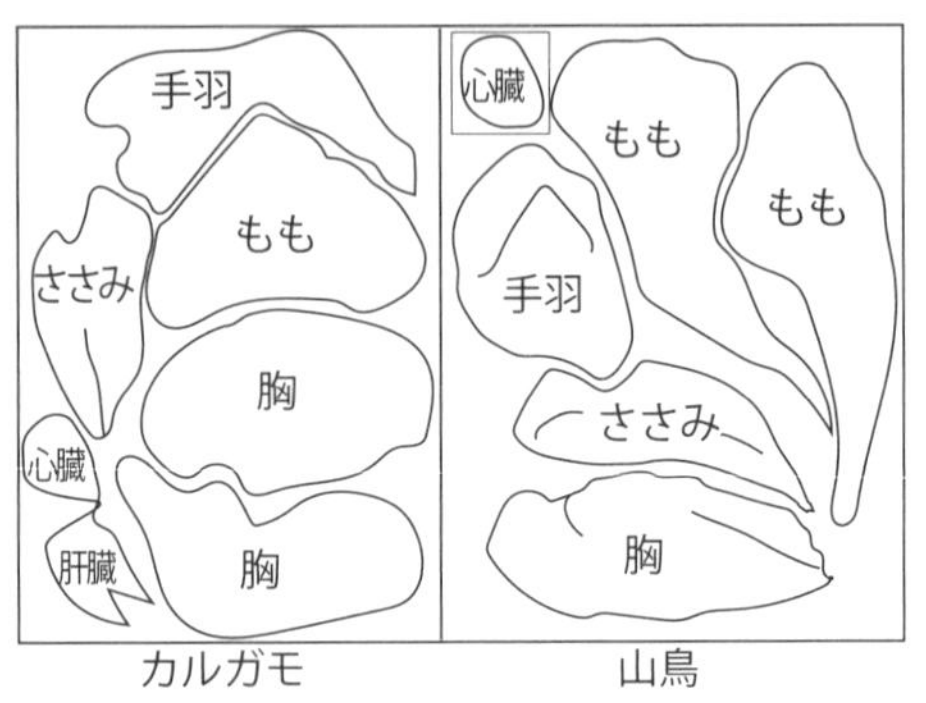

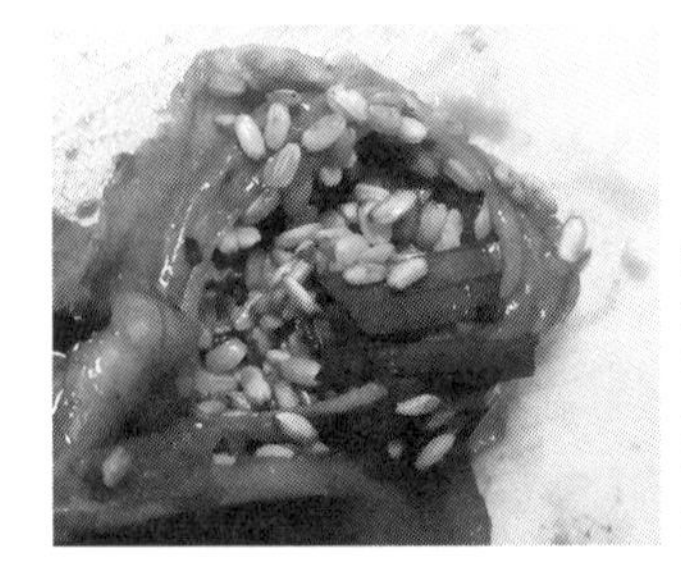

素嚢の中身
食べた物を一時的に蓄える「素嚢」を調べた。粒は笹ということがあるだろうかとも思ったが、玄米っぽい。葉っぱはニラっぽいと思った。笹か寒菅（かんすげ）ではなかろうか。

本当は鍋にしたかったのだが、今回は焼き鳥になってもらった。キジと同様に美味しかった。１羽分だと、中段の串があと２本増えるが、取れる肉の量はこんなもの。手近なニワトリの有難さを思う。上段の左が「ささみ」、右が「手羽」。中段の上の串が「もも」、下の串が「胸」、いずれも半身。下段の２本はモツで「砂ぎも（砂嚢）」「レバー（肝臓）」「ハツ（心臓）」。

4　キジバトがサザエに

初めて山鳥を捕獲して3日後。12月30日の午前は、瀬戸先生からの「山鳥行きましょうよ」という誘いに、犬の役で出かけるつもりでいた。昨季だったか、瀬戸先生は3羽ほぼ同時に飛び立たれて、全部に逃げられたことが屈辱的だったようで、私を助っ人にリベンジしたくて仕方がないのだ。ところが、その朝になってドタキャン。既に1羽捕獲済みの私は、気にせずに暮れの大掃除に励むことにした。

午後4時近く、店の窓拭きをしていたときに瀬戸先生から電話があり、「里芋を食べるなら取りにおいでよ」と言う。この歯医者さんは猟もすれば畑もやり、大工までやる。極真空手七段の道場主でもあるが、なるなら歯医者か料理人だと思っていたというくらいで、料理も大好き。勉強家だし器用なだけに、親知らずを年間500本以上抜いてきたらしい。こう聞けば普通の人はビビってしまうが、親知らずの抜歯は普通の歯を抜くのと違って、口腔外科領域でも高度な技術が必要なのである。つまり、腕はいいのだ。

それはそうと、今回のドタキャンは里芋で帳消しにして差し上げようと、作業着にゴム手袋のままヘルメットだけ被ってバイクにまたがった。

家の前の道を東に向かい、南に向かう川沿いの道（土手）に入れば瀬戸歯科医院はすぐである。その道に入ろうと右折のウインカーを出して停止していた。ちょうどその道から出てくるクルマがあり、また、その道に入ろうと左折待ちの対向車があり、交差点はその瞬間動いていなかったのだが、背後から急ブレーキの音が聞こえ、自分との関わりがまだ結び付いていない次の瞬間、「ドォン」という衝撃と同時にバイクが前輪を持ち上げて飛び出した。

バイクと一体だった私の体だが、その場で後ろから羽交い絞めにされているかのようで、手はバイクのハンドルから引きはがされ、仰向けになるような感覚の後、記憶のない時間が少しあり、路上で気づいたときに私が最初に見たのは、こちらを向いたワゴン車だったような……。

何が起こったのか全然わからない。

（とにかくここをどかないと。バイク、バイクはどこだ？）

自分の背後にバイクを見つけ、起き上がってよろけながらそこへ向かった。バイクは北を向いて右に倒れていた。だが、起こそうとしても足に力が入らない。全然起こせないでいるところに、誰かが来て助けてくれた。瀬戸先生の家に行くのと反対側の土手にバイクを移動し、道路に散らばっている大小の赤い破片を拾い集めた。それは私のバイクのテールレンズだということがわかってきた。

（俺は追突されたのか？）

バイクを起こすのを手伝ってくれたのは追突したクルマの運転手らしい。バイクで傷ついた路面の位置は、停止位置から3ｍくらいは離れている。自分もそこまでではないにしても、飛ばされていたことになる。そしてそこはたぶん対向車線だった。

とりあえず妻と瀬戸先生には連絡をした。それから1時間ほど、夕暮れ時の川に沿って吹く冷たい風に、羽織るものもなく震えながら警官の質問に応対することになった。

さて、打ったところは翌日から痛みが引いていったが、骨がズレたり、関節がねじれたり、伸ばされたりしたところは、ひねると痛む、ジッとしているとジンジンしびれる、違和感が出るなど不調が現れてきた。それで整形外科以外に近所の岩井接骨院にも行くことにした。

岩井院長は骨盤矯正を中心としたバランス療法と骨折治療の大家なのである。特筆すべきは骨折治療の方で、今日では柔道整復師のもとに骨折の疑われる患者さんが訪れることは少なくなったが、整形外科において切開して手術しなければ回復が難しいと判断された複雑な骨折の患者さんを多数治療し、回復させてきている。それほど研究熱心な勉強家であり、その旺盛な知識欲は、忙しい治療の合間のささやかな楽しみにも及ぶ。

私が、「来年度からクレー射撃競技に復帰したいと思っていたのに、首も腰も手首も痛い」と愚痴をこぼすように訴えると、

「今井さん、鉄砲撃つんですか?!」

と言うので、猟もやることを話すと、施術しながら趣味の話が始まった。院長はヤマメ釣りが好きなのだそうだが、それを手引きしてくれた患者さんが罠猟もすることから、鹿や猪の解体まで習ったと言い、ジビエ肉を美味しく食べる火の入れ方まで話し始めた。これはかなり好きそうだと思い、私が相槌を打って前著『狩猟日誌』の話をすると、

「それじゃあ、今井さんの本を読まないといけない」

と、本を買ってくれた。

診療の定休日を挟んで治療に行き、もう読み始めたか訊くと、「もう読み終わりました」とあっさり言った。そして子どもの頃に近所のお兄ちゃんが空気銃で撃ち落としたキジバトだのヒヨドリだのをくれて、その毛をむしって焼いて食べた思い出を懐かしそうに話すものだから、「獲ってきてあげましょうか?」とこちらから尋ねてみると、ニコニコしてうなずく。

それで、バイクも修理中なので、クルマに空気銃を乗せて山際の農地へ行き、まずキジ

岩井先生のキジバト料理（半身）

バト1羽を捕獲して院長に届けた。すると、その日のうちにサザエを届けてくれた。まるでエビで鯛を釣ったがごとくだ。獲って届けた方としてはそれも嬉しいのだが、翌週になって次の治療に行ったとき、調理したキジバトの写真を見せてくれて、その丁寧な扱いにも感心した。

院長は施術中に手を休めて外の梅の木が見える窓に近づいて行ったが、窓際まで行って反転して戻ってきた。その梅の木にはメジロを呼ぶためにミカンを切って枝に刺してある。そこにヒヨドリが来ていたようで、

「ヒヨドリ、捕まえられちゃいそうだ」

そんなことを言っている。それでその後にまたヒヨドリ2羽を届けた。するとこんどはサザエに加え、ナマコを味付けして届けてくれた。

こういう人だから、もしかすると、この先生

岩井先生のヒヨドリと天然のきのこの料理

も来シーズンは自分で獲った鳥を料理しているかもしれない。

さて、こうしてみるとクレー射撃競技復帰には不安があるものの、私はまだ死んでいないし、美味しいものに恵まれることにもなった。あの交通事故は何だったのだろうかと考えると、最初は山鳥の祟りかとも少し思ったが、後続車がノーブレーキだったら？　追突後に対向車が走ってきていたら？　あるいは土手側から出ようとしていたクルマが走り出て来ていたら？……とにかく想像するとゾッとする。死んでいたなら祟りだろう。死なないにしても、山鳥狙いで出かけて事故に遭ったなら、祟りとも思ったろう。だが、そうではなかったのだから、むしろ運が良かったと思い直した。

他の有機物を食べて生きるのが生き物。絶えてしまうようなことがないように、食べる分だけ獲って、美味しく食べる。そういうつもりでおりますので、山鳥さん、これからも「魔力」くらいはいいけど「祟り」はなしで、宜しくお願いします。

あとがき

冒頭で、私を猟に誘った瀬戸先生の「狩猟っていうのは末長くやるもんだよ」という言葉を紹介した。歯医者の瀬戸先生は様々な場面をよく考察して、ご自分なりの結論を出して行動に反映する方なのだが、この言葉について言うと、少年であったころに川のある範囲で魚を獲り尽くした結果、その後の何年かの間、そこには魚が全くいないという状態が続いたのを見て、猟（漁）をするうえで獲り尽くすのは好ましくないことだと結論付けたそうだ。瀬戸先生が観察した現象は、もしかすると何かしらの条件が重なって起こるものだということも考えられるが、それを検証するのは怖すぎる。

野生動物の捕獲に関しては、逆に保護しすぎると、ニホンジカのように増えすぎて農作物への被害とか、山全体の食糧を食べ尽くして結局全滅とかの深刻な問題になることもある。膨大な予算をとって「管理捕獲」をしなければならなくなることなど、誰が予想しただろう。

前作の『狩猟日誌――元射撃選手がはじめて鹿を仕留めるまで』では、主にこの社会問題についての観点で、「狩猟」というよりは「駆除（有害鳥獣捕獲）」を中心に紹介した。最大の難関は、捕獲後のジビエの活用だと感じた。だが、私の地元においては、本書でも紹介したＪＨＧ（Japan Hunter Girls）の活動がそこに突破口を見出そうとしている。この素晴らしい活動が、今後に発展していくことを期待したい。

一方、本書で著したのは、前作とは対極をなすものかもしれない。山鳥というのは、まだしばらくはオスしか捕獲が許されておらず、しかも1日にキジと合わせて2羽までという、狩猟鳥獣の中では最も厳しい捕獲制限がされている。それを捕獲しようという話である。

私が狩猟免許を取ったころの『狩猟読本』（一般社団法人大日本猟友会発行）には、狩猟者のことが「自然環境の保全に貢献するいわゆる『鳥獣の番人』的な存在」と記述されていた。地域差のあることだが、大事なことは山鳥に限らず、末長く狩猟をすることができるような狩猟の仕方をしていくことだと思う。本書の出版をきっかけに、「山鳥猟は楽しいぞ」「山鳥はうまいぞ」ということで、狩猟者が筆者の地元の山に鳥猟犬を連れて殺到するようなことになったのでは、それこそ山鳥は獲り尽くされてしまう。出版にあたり、このあたりのことをお汲み取りいただけたなら、筆者としては幸いである。

▼▼▼狩猟に関する用語

ジビエ（gibier 仏）　野生鳥獣の肉。またその料理を指して言う場合もある。

狩猟　狩猟免許を持つ人が、鳥獣保護管理法で指定された狩猟鳥獣を決められた猟期中に許された猟法で捕獲すること。

狩猟者登録　狩猟を行うのに必要な登録。狩猟をしようとする都道府県に、猟期ごとにあらかじめ所定の狩猟税を納付して登録しなければならないことになっている。

狩猟鳥獣　狩猟することのできる鳥獣。日本に生息する野生鳥獣約700種のうちから、狩猟対象としての価値、農林水産業等に対する害性及び狩猟の対象とすることによる鳥獣の生息状況への影響を考慮し、鳥類と獣類が指定されている。

狩猟免許　全ての野生鳥獣（ネズミ類及び海棲ほ乳類を除く）の捕獲は、鳥獣保護管理法により、狩猟・有害鳥獣捕獲・学術研究目的を例外として、禁止されている。そのため狩猟を行うには狩猟免許が必要で、装薬銃を使う第一種銃猟免許、空気銃のみを使う第二種銃猟免許、わな猟免許、網猟免許の4種類。毎年、猟期に入る前の7月〜9月にかけて、都道府県ごとに試験が行われる。

タル　枝尾根と枝尾根の間の窪んだところ。

鳥獣保護管理法　『鳥獣の保護及び管理並びに狩猟の適正化に関する法律』の略称。かつての鳥獣保護法。鳥獣の保護及び管理を図るための事業の実施、猟具の使用に係る危険の予防により、生物多様性の確保、生活環境の保全及び農林水産業の健全な発展に寄与することを目的として、鳥獣の捕獲等の規制、鳥獣捕獲等事業の認定、狩猟制度等に関する事項を定めている。

狙い越し　獲物が移動している場合にはその速度、弾の速度及び獲物までの距離に応じて獲物の前を狙う。その距離をいう。

半矢　傷を負わせた状態で獲り逃した獲物のこと。

有害鳥獣捕獲　一般には「有害鳥獣駆除」と呼ばれる。野生鳥獣が、農林水産物等に被害を与える場合、生活環境若しくは自然環境を悪化させる場合又はそれらのおそれのある場合において、被害防除の実施又は追い払い等によっても被害等が防止できないときに行う捕獲。

猟犬　大きくは獣猟犬と鳥猟犬に分けられる。獣猟犬は追跡を得意とする犬であり、ハウンド犬や中型日本犬（紀州犬など）が使われる。鳥猟犬はポイントを得意とするポインティング犬と運搬・回収を得意とするレトリバー犬が使われる。

▼▼▼銃と弾に関する用語

12番口径（12ゲージ） 代表的な散弾銃の口径で、1／12ポンドの球形の鉛の直径0・730インチ≒18・5㎜を意味する。実包の容積が大きく、多くの散弾を発射できるので、鳥猟やクレー射撃では、一般にこの番経を用いる。交換チョーク式の銃なら一丁で何にでも使えるので便利。

20番口径（20ゲージ） 代表的な散弾銃の口径で、1／20ポンドの球形の鉛の直径≒15・8㎜の意味を意味する。スラッグ用として、反動や肉の傷みの観点から非常に扱いやすい。

410番口径 代表的な散弾銃の口径（この口径は、0・410インチ≒10・4㎜の意味で、他の番経とは意味が違う）。

空気銃 火薬を使わずに、空気やガスの圧力を利用して弾を発射する銃。スプリング式、ポンプ式、プリチャージ式の他、液化炭酸ガスを利用するガス式銃を含む。

散弾 一つの実包に多数詰め込まれた球状の小さな弾。鳥猟などに用いる小さな粒のものを「バードショット」、鹿などの獣猟に用いる大きな粒のものを「バックショット」という。

散弾銃 「散弾」を発射する銃。

自動銃 自動的に発射後の薬莢を排出、次の弾を装填する銃。

絞り 散弾銃の銃身の銃口部に施された銃口部を狭くする加工。絞りがきついということは、銃口の直径が小さいということであり、有効に散弾が散らばる距離が遠くなることを意味する。

照星 照準を合わせるために、銃の先の上部に設置された目印。照門と照星を通して標的を捕らえる。

照門 照準を合わせるために、照星の手前に設置された目印。照門と照星を通して標的を捕らえる。

スラッグ 散弾銃に使用する一粒弾。鹿や猪の猟に使う。

二連銃 2本の銃身から1発ずつ発射できる構造を持つ銃。1発目を〝初矢〟、2発目を〝あと矢〟（または〝二の矢〟）と呼ぶ。銃身が上下に並んだものを「上下二連銃」、水平に並んだものを「水平二連銃」という。水平二連銃は軽量で山歩きには楽だが、その反面、反動はきつい。狙うためのリブが2本の銃身の間にあり、銃身が目について狙いにくいという意見もある。

薬莢 これに弾、火薬、雷管がセットされて、銃に込める〝実包〟になる。

今井雄一郎（いまい・ゆういちろう）

1968年生まれ。岡山理科大学理学部基礎理学科卒業後、私立の中学校・高等学校で教員を務めながら、クレー射撃競技スキート種目で静岡県代表として国体に３度出場。３度目の大阪なみはや国体（1997年）では個人４位、種目別団体４位、競技別団体総合２位入賞。

その後、クレー射撃競技から離れ、神奈川県南足柄市で実家の薬種商販売業を承継。現在、自然薬・漢方薬を中心に取り扱う自然治癒力を高めるお薬の専門店＝薬舗徳善堂の店主として健康相談を受けながら、医薬品登録販売者の生涯学習事業にも携わっている。また、狩猟免許を取得し、地域の有害鳥獣駆除活動にも参加している。

著書に『一般用医薬品使用上の注意ハンドブック』（薬事日報社）、『一般用医薬品使用上の注意ハンドブック改訂版』（薬事日報社）、『狩猟日誌——元射撃選手がはじめて鹿を仕留めるまで』（共栄書房）、『国体を取り戻そうとしたクレー射撃選手』（ネクパブ・オーサーズプレス）がある。

山鳥の魔力 —— 伝説の美しき獲物を追って

2021年7月20日　初版第1刷発行

著者 ———— 今井雄一郎
発行者 ——— 平田　勝
発行 ———— 共栄書房
〒101-0065　東京都千代田区西神田2-5-11 出版輸送ビル2F
電話　03-3234-6948
FAX　03-3239-8272
E-mail　master@kyoeishobo.net
URL　http://www.kyoeishobo.net
振替　00130-4-118277
装幀 ———— 黒瀬章夫（ナカグログラフ）
印刷・製本 ——— 中央精版印刷株式会社

ISBN978-4-7634-1098-6　C0075